漫谈安全生产

张崇烈◎著

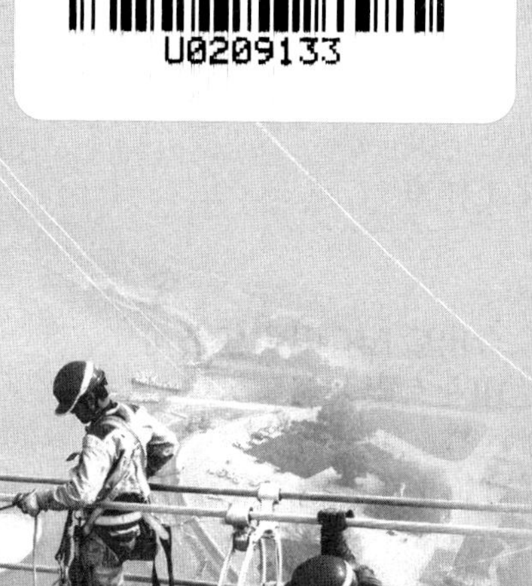

中华工商联合出版社

图书在版编目（CIP）数据

漫谈安全生产 / 张崇烈著. -- 北京 : 中华工商联合出版社，2023.7
ISBN 978-7-5158-3686-7

Ⅰ. ①漫… Ⅱ. ①张… Ⅲ. ①安全生产－生产管理－普及读物 Ⅳ. ①X92-49

中国国家版本馆 CIP 数据核字(2023)第 094776 号

漫谈安全生产

著　　者：张崇烈
出 品 人：刘　刚
责任编辑：吴建新
装帧设计：雅士聚文化工作室
责任审读：付德华
责任印制：迈致红
出版发行：中华工商联合出版社有限责任公司
印　　刷：潍坊鑫意达印业有限公司
版　　次：2023 年 8 月第 1 版
印　　次：2023 年 8 月第 1 次印刷
开　　本：710mm×1000 mm　1/16
字　　数：252 千字
印　　张：16.5
书　　号：ISBN978-7-5158-3686-7
定　　价：78.00 元

服务热线:010-58301130-0(前台)
销售热线:010-58302977(网店部)
010-58302166(门店部)
010-58302837(馆配部、新媒体部)
010-58302813(团购部)
地址邮编:北京市西城区西环广场 A 座
19-20 层，100044
http://www.chgslcbs.cn
投稿热线:010-58302907(总编室)
投稿邮箱:1621239583@qq.com

序　言

习近平总书记强调，生命重于泰山。安全生产是民生大事，一丝一毫不能放松。近年来，诸城市委、市政府牢固树立“以人为本、生命至上”理念，始终把安全生产摆到重要位置，统筹发展和安全，牢牢守住安全底线。市应急管理系统广大干部职工坚守初心、勇担使命，恪尽职守、攻坚克难，在全省率先建立局、队、所“三位一体”安全监管体系，探索实行全员一线执法检查；深入推动安全生产标准化和风险隐患双重预防体系融合发展，扎实推进“双清双提”行动（“双清”即事故隐患排查动态清底、整改清零，“双提”即全面提升企业本质安全水平和应急处置能力、全面提升各级各部门单位安全生产监管能力），构筑起了维护人民群众生命财产安全的坚实屏障。

崇烈同志作为市应急队伍中的优秀代表，长期从事一线安全生产监管工作，参与了基层安全生产全过程监督管理，见证了安全监管事业的发展历程，经历了由安全生产监管到应急管理体制的改革变迁，具有深厚的理论功底和丰富的实践经验。本书从应急人的视角，结合多年来从事安全监督检查思想认识、学习体会和工作探索等方面稿件，按照源头管理、过程控制、应急救援和事故查处的过程顺序，进行了梳理汇总和条分缕析，分为综合评论、业务探讨和信息宣传三大板块。这些稿件大都被《中国安全生产报》、中国安全生产网刊发，其中既有作者第一次下去督导不知从何处下手的尴尬，又有走出执法检查常见误区的喜悦；既有安全市场准入、安全教育培训考核等综合治理方面的对策措施，又有安全监督检查、法律法规适用等安全监察实务解析；既有“土专家”鲜活的安全教育培训经验，又有加强基层基础建设的典型做法，对于更好地改进安全生产和应急管理工作具有重要意义。

安全生产人人都是参与者，人人都是受益者，人人都是责任者。本书为社会各层面加强和改进安全生产监督和应急管理工作提供了有益的借鉴和科学的参考，是一部不可多得的安全生产和应急管理工作学习资料。殷切希望通过本书的出版和读者的阅读，真正能在广大人民群众中引起“人人讲安全、个个会应急”的思想共鸣，切实营造全社会人人讲安全、重安全、抓安全、享安全舆论氛围和良好效果。

诸城市应急管理局党委书记、局长　脱炳春

2023 年 7 月

目　录

综合评论

业务探讨

信息宣传

综合评论

让一线员工参与进来

现在不少的检查、督查、考核，很少去关注一线员工和基层监管人员的情况，但不论是设施设备还是管理流程，出现的问题说到底都是人的因素造成的。因此，笔者认为，开展安全生产大检查不能绕开一线员工，应把重点倾向一线和基层。

把检查、督查、考核的重点倾向一线员工、基层人员，既可以真正了解实际情况，切实检验工作实效，又能倒逼基层抓住关键、紧盯重点。而一线从业人员参与度的高低直接决定着安全生产水平的高低，这已被许多企业的实践证明。

从方法上说，既可以听取一线员工、基层人员的汇报，查阅台账，检查现场，又可以抽查从业人员的实际操作，现场进行安全测试等，通过与一线员工、班组长、车间主任和安全管理人员的座谈交流，摸清管理现状，了解其背后的深层次问题。

同时，一线员工、基层人员既是被查的重点，更应该是检查的主体。一名整天与设施设备打交道的操作工，对设施设备的毛病、工作场所的问题、作业流程的情况再熟悉不过了，对本单位的安全生产工作最有发言权。因此，检查、督查、考核不但不能绕开一线员工，反而要让其参与进来，由被动检查转为主动自查自纠，将外部的要求转化为内部的自觉行动，并且形成制度化、规范化和常态化，全面落实企业主体责任，才能达到安全生产大检查的目的。

（《中国安全生产报》2017-07-28）

安全培训不妨请些“土专家”

近日，笔者参加了一家企业组织的安全生产管理人员培训，收益颇多。

本次培训，没有邀请省市专家，也没有聘请专职教师，而是请了同行业企业的安全管理科长来上课，由于行业企业生产情况基本类似，安全管理工作具有共同性，讲课不仅具体形象、通俗易懂，而且内容实在、针对性强，便于操作，便于操作，易于学习，管用好用，整堂课反响很好，深受听课者欢迎。

反观我们的一些培训，一味追求“高大上”，认为请的专家、教授层次越高，培训的效果就越好，学员的收获就越多。不能否认，高层次的专家、教授的确水平高，授课经验丰富，但也应看到，有一些所谓的专家、教授所作的培训，不是所讲的内容太空太深、脱离生产实际，就是不切合学员的培训需求，对他们的实际工作没有指导意义。这样的培训，不受欢迎也是必然的。

安全培训不同于学校教育，不一定非要请那些“高大上”的专家、教授，一些行业企业里的安全管理人员当过一线员工，干过班组长、车间主任，懂技术、会管理，对行业领域生产工艺、设施设备、生产流程等方方面面非常熟悉，是地地道道的“土专家”。他们不但有丰富的安全管理经验，而且知道企业安全管理的问题和症结，有一套成熟的管理方法和措施，也更明白基层生产经营单位安全管理人员的辛酸苦辣，最懂得员工的需求，由他们传授安全管理知识，畅谈安全管理体会，不但接地气，而且对阵下药、针对性强，实在、易学、好用，自然会引起学员们的兴趣，受到大家的好评。

所以，建议相关部门在组织开展安全培训时，要围绕培训质量和效果做文章，根据培训对象的需求，采取灵活多样的方式，合理确定培训师资，在系统教授理论知识的同时，不妨深入企业把那些“土专家”组织起来，建立起培训实践基地，拓宽培训的渠道和途径，把培训延伸到生产现场，让“土专家”也有机会走进培训课堂，让培训多点“土味”，接点地气。只有这样，才能提升培训的效果，使安全真正入心入脑。

（《中国安全生产报》2016-02-17）

要加强专业培训

在很多地区，安监机构成立十几年，人员来源极其复杂，年龄结构、能力素质等不能满足工作需要。简单而言，就是参与督查检查的部门、参与人员自身存在各种缺陷，需要加强专业培训。

目前，安监部门负责的行业领域极其广泛，检查的生产经营单位种类繁多，涉及的工艺、设备、设施、产品等多种多样。检查人员不是万金油，不可能了解每家企业的生产工艺、设备、设施和产品。再加上人员流动性大，检查人员对很多专业领域的风险、隐患和问题，查不出、查不细、查不深，这也是原因之一。

建议：一是聘请专业机构的人员组成暗访暗查队伍，排除各种利益干扰；二是对暗访暗查人员定期不定期组织开展学习交流，完善各项制度、工作流程。

（《中国安全生产报》2018-10-09）

取消资格许可，不等于放松监管

从“先证后岗”到“先岗后证”，形式虽发生了变化，但监管内容和要求没有变。这种变化是监管方式的转变，监管部门必须尽快适应。

不久前，《国务院关于取消和调整一批行政审批项目等事项的决定》取消了危险物品的生产、经营、储存单位以及矿山主要负责人和安全生产管理人员的安全资格认定。据此，不少人认为，既然行政许可取消了，对上述人员的要求也就没有了强制性，管理自然就放松了，有些地方和部门甚至让上述人员不再参加培训考核。这些认识和做法与当前正在深入推进的行政审批改革背道而驰，需要尽快纠正和改变。

事实上，取消上述人员的安全资格许可，是对2014年12月1日施行的新《安全生产法》相关规定的细化，也是当前行政审批制度改革的必然要求。

修改前的《安全生产法》对上述人员的要求是，“经考核合格后方可任职”，即上述人员未经主管部门考核合格并取得安全培训资格证，不得上岗。在这里，取证是上岗的必要条件，也就是通常所说的“先证后岗”，这是安全资格准入，是行政许可。

新《安全生产法》则规定，上述人员应当由主管的负有安全生产监督管理职责的部门对其安全生产知识和管理能力考核合格，取消了“方可任职”的表述。在这里，上述人员没有证也可以上岗，但应当经主管部门考核合格，取得相应的合格证，也就是我们所说的“先岗后证”。这是对上述人员安全生产知识和管理能力的认可，不是行政许可。

从“先证后岗”到“先岗后证”，形式上虽发生了变化，但监管的内容和要求没有改变。这种变化是监管方式的转变，监管部门必须尽快适应。因此，监管部门应加强对新《安全生产法》的深入学习，摒弃与新《安全生产法》不相适应的观念，转变思维方式，切实依法办事；创新监管方式，实现从事前监管向事中事后监管的转变，把原先的事前准入监管转变为现在的事后严格考核和从严监督检查。

（《中国安全生产报》2015-04-16）

建立齐抓共管全民教育机制

目前，一方面是公众安全知识，尤其是识灾防灾减灾知识比较缺乏，安全意识相对淡薄；另一方面，则是公众安全教育缺失，公众安全教育的主体模糊、内容不清、渠道不畅。

这些问题的表现不一而足：一些学校没有设立安全教育课程，“电视见不到影、广播听不到声、报纸看不到字”的情况在一些地方比较常见，一些社区很少有安全教育讲堂，一些部门难以见到安全宣传教育的阵地，一些企业的安全教育培训形同虚设，一些安全培训机构的培训教育“缺斤短两”，等等。笔者认为，安全知识缺乏、安全意识淡薄，是当前安全生产领域最大的隐患，是事故多发的重要原因。

百年大计，教育为本；安全发展，教育为先。笔者认为，安全生产关键在人，关键在全社会综合治理、齐抓共管。因此，必须建立健全全社会齐抓共管的安全宣传教育长效机制，使政府部门、新闻媒体、各类院校、社会团体及企业、家庭等力量紧密结合起来，营造“人人都是安全员”的浓厚氛围。

笔者建议：

一是从顶层设计建立全民安全宣传教育工作机制。构建全民安全宣传教育组织机构和责任体系，制定全民安全宣传教育沟通协调议事制度和监督考核制度，推动社会各个层面安全宣传教育职责落实到位。

二是搭建全民安全宣传教育平台。建立相关部门安全宣传教育场所、当地培训机构、各类学校及企业实践基地相互协调的安全教育培训体系，为全民安全宣传教育提供阵地。

三是开发全民安全宣传教育课程。根据不同对象、岗位特点和实际需要，组织专门力量开发实用性强、通俗易懂的全员安全宣传教育培训大纲和相应课程。

四是创新全民安全宣传教育方式。在新闻媒体开设安全大讲堂，开办网络安全教育学院，建立事故警示教育基地，综合采用理论灌输、技能培训、模拟实习、实际操作等方式，提升全民安全素质及识灾防灾减灾能力。

五是加大对全民安全宣传教育的督查考核力度。相关部门要加强监管监察和责任落实情况的考核，把政府部门的严格监管与宣传教育的潜移默化融合起来，刚柔并济，督促全社会加强安全管理、强化安全教育。

（《中国安全生产报》2014-03-25）

大力发展服务机构

在安全生产领域，一方面是企业的管理需要安全管理服务机构和相应的工程技术人员，另一方面是工程技术人员大量存在，但缺乏安全管理服务机构的组织而难以发挥作用。

转变政府职能，进一步完善政府与市场的关系，必然要进一步强化政府及其部门的宏观调控和监督管理职责，进一步发挥市场机制的作用，将大量能由市场调节的服务职能剥离出去。企业微观的工作，如安全生产管理由企业自主选择，委托安全管理服务机构去打理。发展安全管理服务机构是市场经济发展的必然，也是当前和今后加强政府机构改革、转变政府职能的客观要求。

从安全管理服务机构的实践看，哪些地方的安全管理服务机构发展得好，为企业提供的服务质量高，那些接受服务的企业的安全管理水平就会有不同程度的提高，那里的安全生产形势相对稳定。

发展安全管理服务机构，一是需要国家顶层设计统一规划，制定安全生产服务机构发展的规范性文件，建立扶持安全生产服务机构发展的经济政策，加大扶持力度，加强监督检查，督促各地结合自己的实际将相关规定落到实处；二是需要各地政府出台相关政策，支持和鼓励那些取得专业技术资格的人员成立安全管理服务机构，为他们开展服务创造良好的政策环境，营造宽松的社会氛围；三是需要相关部门理顺关系，科学处理政府与市场、政府与安全管理服务机构的关系，建立健全服务机构规章制度，给服务机构自主开展工作松绑，从而为企业提供高效、便捷、优质的服务。

（《中国安全生产报》2013-03-21）

乡镇安监力量需要壮大

基础不牢，地动山摇。从这个角度来说，作为安全监管最前沿，乡镇安监力量容不得半点削弱。

然而，从表面上看，乡镇安监力量与快速发展的经济和社会不相适应，与乡镇所承担的安全生产任务不协调。主要表现在：机构建设参差不齐，一些乡镇没有安监机构；不少乡镇虽设立安监机构，但属于临时机构；安监人员身份不清，从事安全监管“名不正、言不顺”，工作热情和积极性受到极大影响；乡镇安全监管缺乏明确的法定依据和强有力的处理措施，安全监管体制机制没有理顺，乡镇政府承担的安全生产领域“打非治违”职责很难履行到位。

因此，强化乡镇安监力量建设，一要加强立法，以法律法规形式授予乡镇政府明确的安全监管职权，赋予乡镇安监机构安全生产行政执法权和必要的强制手段。二要出台乡镇安监机构建设硬性规定，对乡镇安全监管职能、机构、人员作出明确的强制性规定，解决人员编制、队伍建设编制和执法装备、办公条件等基本问题。三要合理分工，理顺乡镇安监机构与当地公安、工商、规划、建设等站所以及上级部门之间的关系，科学划分各自的监管范围，明确各自的监管责任，建立健全安全监管工作机制。四要强化督查，对乡镇安监力量建设，尤其是机构与人员编制、执法装备落实情况，上级部门和政府要开展定期专项监督检查，确保乡镇安监机构和人员编制落到实处。

（《中国安全生产报》2013-05-07）

建立整改督查机制

事故的发生不是偶然的，是由人的不安全行为、物的不安全状态、管理的缺陷等诸多不良因素诱发的。

但是，许多企业在安全管理过程中，在对安全事故的认识和态度上普遍存在一个误区：只重视对事故本身进行总结，甚至会按照总结出的结论“有针对性”地开展安全大检查，却往往忽视了了对事故征兆和事故苗头进行排查。长此以往，安全事故的发生就呈现出连锁反应。事故发生的根源没有得到根治，因此事故发生的恶性循环自然不可避免。

走出恶性循环，需要企业切实落实安全生产主体责任，加强安全生产基础工作，强化风险管理，全面排查和治理事故隐患，提高事前防范水平；切实做到“四不放过”，强化事后处置措施。

走出恶性循环，需要政府相关部门建立安全生产管控机制，尤其是制定事故防范措施监督落实制度，对事故发生单位落实防范和整改措施的情况进行监督检查，强化联合执法，突出整改措施的落实，对事故整改措施落实不到位或者不落实的，由政府进行挂牌督办、警示谈话、黄牌警告，相关部门依法行政处罚；对企业组织开展的安全生产大检查活动，避免“走过场”“搞运动”，突出企业自查自纠，强化部门监督指导，突出企业整改“五落实”情况专项执法，督促企业做到不安全不生产。

（《中国安全生产报》2012-09-13）

既要认识到位，又要功夫到家

要预防事故发生，必须消除日常的不安全行为和不安全状态；而能否消除日常不安全行为和不安全状态，则取决于日常基础管理工作是否到位。

思考“梯子不用时请横着放”，笔者认为道理在于，做好安全生产工作，既要认识到位，又要功夫到家。

安全第一，首先是思想第一。防患于未然，首先要消除思想上的麻痹，从灵魂深处消除侥幸心理。

材料中的这一公司人员早已对身边的隐患习以为常，如果不是客户“爱管闲事”，竖着放的梯子可能在倒下砸伤人后才会引起人们的重视。

事故的发生不是偶然的，是人的不安全行为、物的不安全状态和管理上的缺陷累积到一定程度的必然结果。海因里希“安全金字塔”法则告诉我们：在1起死亡重伤事故的背后，有29起轻伤事故；29起轻伤事故的背后，有300起无伤害虚惊事件，以及大量的不安全行为和不安全状态的存在。

因此，要预防事故发生，必须消除日常不安全行为和不安全状态；而能否消除日常不安全行为和不安全状态，则取决于日常基础管理工作是否到位。现实中的安全工作，就是要从一点一滴入手，既要善于发现危险因素和安全事故隐患，又要及时采取措施，落实隐患整改。

说到不如做到，说得再多不落实也是空话。因此，安全生产既要认识到位，又要功夫到家，关键是将隐患消灭在萌芽状态。

背景材料

在青岛啤酒集团生产车间的一个角落里，由于工作需要，工人需要爬上爬下，因此，有人放置了一个活动梯子。用的时候，就将梯子支上；不用的时候，就把梯子移到拐角处。为了防止梯子倒下砸着人，工作人员专门在梯子旁写了一个小条幅——“请留神梯子，注意安全”。这事谁也没有放在心上，几年过去了，也没发生梯子倒下伤人的事件。有一次，一位客户来洽谈合作事宜，他留意到条幅并驻足很久，最后建议将条幅改成“不用时请将梯子横着放”。

这是2012年安徽省高考作文题《梯子不用时请横着放》。该题被各大网站网友们评为最难写的高考作文。中国安全生产网特别策划，邀请广大网友结合安全生产工作谈各自的理解。其中，十名网友所写的命题作文在中国安全生产网引起了广大网友及安全生产战线人员的热议，《中国安全生产报》特辟专版予以刊发。

（《中国安全生产报》2012-07-07）

处理多种关系，做好监管监察

安监部门如何提高监管效率，避免监管缺失、人员失职渎职等问题？笔者认为，必须正确处理安监部门与生产经营单位、与负有安全监管职责的其他部门的关系，正确处理安全生产监管机关与安全生产行政执法监察之间的关系。

安监部门与生产经营单位的关系。安监部门依法监督管理生产经营单位。安监人员行使监察职责，主要监督监察生产经营单位的安全生产管理人员是否认真落实责任，是否督促本单位职工遵守安全规章制度和操作规程，是否组织排查治理本单位的事故隐患。

安监部门与负有安全监管职责的其他部门的关系。要坚持谁主管、谁负责的原则，互相协调，积极配合，齐抓共管。属于安监部门综合监督管理的，安监部门要发挥安委会办公室的作用，协调和监督相关部门做好工作，相关部门在职责范围内对安全生产工作实施监管。

安全生产监管机关与安全生产行政执法监察机构的关系。《山东省安全生产行政执法监察工作指导意见》规定，安全生产行政执法监察机构是在安监局的领导下，直接或受安监局委托，行使执法监察和行政处罚的执行机构。安全生产监管机关内设机构通过安全生产检查，发现违法行为时，必须明确自身的职责，严格按照“三定”方案和内设机构职责行使权力，不能代替执法监察机构，不能通过一般程序实施行政处罚。

（《中国安全生产报》2009-02-12）

安全生产标准化达标不仅仅是目标

时下，各地企业都在积极开展安全生产标准化建设。这是国发〔2010〕23号文件《国务院关于进一步加强企业安全生产工作的通知》的明确要求，也是安全生产领域当前和今后一段时期的重点工作。各地在加强标准化建设过程中，采取不同的推进措施，比如聘请中介机构上门服务、政府强力推动、财政补贴、经济激励等，督促企业标准化达标，都是值得鼓励和推广的好经验好做法。

但在实施过程中，尤其是一些企业和企业的负责人，在开展标准化建设过程中仍然存在一些认识问题，“联系一下安全服务机构，花点费用快点通过就行了”，“安排安全科专门干，管理科长是老安全了，没问题”，等等。这些认识无一例外都反映了一个问题，在这些负责人的头脑里，安全生产标准化仅仅是一个工作目标，一个上边要求必须完成的任务。

说实在的，这样的企业和企业负责人，不管采取多大的措施，也不论增加多大的安全生产投入，他们企业的安全生产标准化就是达到一级的分数，也不合格。原因很简单，他们企业的安全生产标准化建设没有深入到头脑中，没有落实到企业的每一个车间、每一个班组和每一个工作岗位，没有落实到每一个从业人员的具体行为上。他们企业的安全生产标准化仅仅停留在口头上，仅仅局限在完成部门要求的任务指标上，却没有真正理解安全生产标准化建设的实质，没有把安全生产标准化作为一种现在的安全管理方法体现到企业的方方面面，企业的全员、全过程和全方位没有真正动起来。

安全生产标准化，就通过建立安全生产责任制，制定安全管理制度和操作规程，排查治理隐患和监控重大危险源，建立预防机制，规范生产行为，使各生产环节符合有关安全生产法律法规和标准规范的要求，人、机、物、环处于良好的生产状态，并持续改进，不断加强企业安全生产规范化建设。按照《企业安全生产标准化基本规范》（AQ/T 9006—2010）中安全生产标准化的这一概念，我们知道，安全生产标准化，其基础在于建章立制，层层落实安全生产责任制，健全安全生产管理制度和操作规程；重点是排查治理事故隐患，监控重大危险源，建立预防机制；核心是规范生产行为，使各生产环节符合有关安全生产法律法规和标准规范的要求，人、机、物、环处于良好的生产状态；要求是采用“策划、实施、检查、改进”动态循环的模式，建立并保持安全生产标准化系统，并持续改进，通过自我检查、自我纠正和自我完善，建立安全绩效持续改进的安全生产长效机制。

所以，安全生产标准化建设，不仅仅是目标，更是一种现代安全管理方法，一种提升企业本质安全生产水平、全面落实企业安全生产主体责任、预防生产生产事故的治本之策。

（《安全与健康（下半月）》2012-02-02）

安全生产重在全民参与

“安全生产月”已过大半，各项宣传活动正在全国有序进行。可在一些企业和社区，仍有不少员工和居民根本不知道这回事，对开展的安全生产宣传活动一头雾水，更谈不上去参加了。安全生产月活动重在全民动员全民参与，在全社会营造“关注安全、关爱生命”的良好社会氛围。

“安全生产月”宣传活动，离不开党委、政府及其部门的强力推动。这不是安监局一个部门的事情，需要各相关部门齐抓共管。党委、政府及其部门领导要真正高度重视，亲自过问，各部门根据各自职责，发挥各自优势，充分借助各种手段，通过各种途径，利用一切可以利用的资源，坚持寓教于乐的原则，采取喜闻乐见的形式，调动基层单位和组织、群众、职工参与其中，从我做起，从身边做起，让人们爱惜自己的身体、关心他人的健康、保护大家的安全。

“安全生产月”活动不是一个咨询日、一个应急演练活动就要结束的，需要常态化、制度化，需要各部门将“安全生产月”活动中的一些行之有效的好经验好做法坚持下来，建立固定的安全生产宣传阵地，加强生产知识普及和技能培训。比如，电视、互联网、报纸、广播等媒体要切实履行起安全生产宣传教育的义务，行使舆论监督权，设置安全生产公益广告、安全生产大家谈等栏目，安排一定时间滚动播放，加大宣传的广度和深度，普及安全常识，增强全社会科学发展、安全发展的意识。学校将安全教育纳入日常校本课程和班会内容，定期举行防灾避险演练，培养学生的安全意识。

“安全生产月”活动不是孤立进行的，需要与日常工作相衔接，做好结合文章。要与安全培训相结合，与提高突发事件应急处理能力相结合，与安全社区建设相结合，与安全文化示范企业创建相结合，全面开展安全生产、应急避险和职业健康知识进企业、进学校、进乡村、进社区、进家庭活动，提升全民安全素质。做好结合文章必须建立健全激励机制，通过政策扶持、资金帮扶、技术支撑等方式调动企业、社区和部门参与安全文化建设的积极性，鼓励单位、企业、社区充分利用社会资源和市场机制，推动安全生产宣传教育活动持续深入进行，构建自我约束、持续改进的长效机制，提高全社会安全生产意识和安全素质。

开展安全生产宣传教育，活动是不可缺少的载体，但活动离开全民参与，效果就会大打折扣。全民动员全民参与，加强安全生产宣传教育活动，积极推进安全文化建设，提高安全文化建设水平，为安全生产工作发挥引领和推动作用。

（《信阳日报》2016–06–17）

企业安全发展必须加强全员安全管理

现在到企业检查，不少的生产经营单位，从大型企业到个体经营者，从高危行业企业到一般工商贸生产经营单位，从安全质量标准化达标企业到安全生产规范化企业，一提安全生产，不论是企业主要负责人还是分管领导，就是一句话——找安全管理人员，好像安全生产就是安全生产管理人员的事，与其他人无关。安全生产管理人员更是无奈：要人没人，想管没法管，出了问题第一个承担责任，安全生产管理还是靠安全管理人员单兵独斗打天下。要改变这种状况，保持安全生产形势持续稳定，实现安全发展，离不开全员管理，离不开企业的每一位员工参与管理。

事故致因“4M”要素理论告诉我们，人的不安全行为是导致事故发生的第一要素，物的不安全状态、环境不良和管理措施欠缺等三要素是第二位的原因，这三个要素多少都与人的要素有关联。甚至可以说，物的不安全状态、环境的不良和管理的欠缺，都是人的不安全行为造成的。因此，加强全员管理，全面提高人的安全素质，彻底改变人的不安全行为，有效改善物的状态和环境的质量，采取科学的管理手段，就能遏制和减少事故隐患，有效防范和遏制事故的发生。

一个企业不论它的资金多么雄厚，设备多么先进，制度多么健全，离开人的因素，一切都不能发挥作用。加强企业的安全管理，关键在于管理人，在于提高包括管理者在内的全体员工的素质。如果企业的每一位员工都从自身做起，时时处处注意安全，凡事都能把安全放在心上，抓在手上，做到既不伤害自己，又不伤害他人，还不被别人伤害；既能保护好自己，又能力所能及地保护别人，保持设备设施的安全运转，随时发现隐患消除隐患，降低风险，那么企业就能实现本质安全，员工一定是本质安全型员工。创建本质安全型企业，培养本质安全型员工，根本上需要全面提高员工的安全素质。

提高员工素质，不仅要提高员工的安全知识和安全技能，更重要的在于强化员工的安全观念，增强员工的安全意识，改变员工的安全态度，帮助员工树立正确的价值观。观念左右行为，行为决定结果。管理员工最有效、最强有力的方式，不是改变员工的行为，虽然这种做法简单省事，但这只治标不治本；而是改变员工的观念，虽然这种方式复杂繁琐，但这种方法治本。

改变员工的观念，必须加强全员安全管理，理清不同岗位职责，健全全员安全生产责任制，加强安全文化建设，营造良好的环境和氛围，坚守核心经营理念，激发员工的积极性，增强企业的凝聚力和执行力，将安全第一预防为主的方针贯彻到每一车间、班组，落实到每一位员工的具体行为上。

（《河北工人报》2010-02-13）

安全生产约谈，有“五项措施”可当先

安全生产约谈，不论是上级政府或安委会对下级政府和相关单位，还是对重点监管企业，其目的是通过提醒、质询、告诫等多种形式，督促其落实安全生产监管责任或主体责任，强化措施落实，实现约谈事项的整改，彻底解决存在的问题和隐患。一句话，开展安全生产约谈，目的就是整改、解决问题。

因此，要实现约谈的目的，必须首先建立健全并实施相关配套措施。

一是跟踪督查。对于被约谈政府和相关单位整改措施落实情况、问题和隐患解决情况，组织安全专家等专业技术力量开展专项跟踪监督检查，确保被约谈政府和相关单位照单（对照约谈记录）落实，整改到位。

二是通报批评。对整改进程缓慢、达不到要求，或者经跟踪督查发现措施落实不力、问题隐患没有整改到位，甚至造成事故发生的，根据具体情形，由上级政府或者安委会（办公室）以文件通报、新闻发布、会议通报等方式进行通报批评。

三是挂牌督办。对于整改达不到要求或者整改措施不力出现重大事故隐患，或者连续发生生产安全事故的，根据整改具体情况或者发生的生产安全事故层级，在通报批评的同时，由上级政府或者安委会予以挂牌督办、重点关注，对相关责任人员依法依规严肃处理。

四是媒体曝光。根据约谈事项整改情况，结合近期安全生产形势或者重要敏感时期、重大活动需要，按照上级政府要求，对于重大事故隐患整改不到位，或者发生重大生产安全事故、连续发生较大以上生产安全事故的，可以邀请主流媒体进行曝光，加大社会监督力度。

五是考核奖惩。将约谈情况尤其是整改落实情况、问题和隐患解决情况，以及由此引起的相关通报批评、挂牌督办和媒体曝光等频次、实际成效，纳入安全生产工作考核。推行过程考核，加大考核权重，作为年度综合发展考核奖惩的重要指标。

对于约谈企业而言，除了上述五项措施以外，还要加大行政处罚力度，积极推进安全生产诚信体系建设，实施安全生产不良记录黑名单制度等，倒逼企业严格落实安全生产主体责任，建立健全自我约束、持续改进的内生机制，加强安全风险管控，强化企业预防措施，切实增强安全防范治理能力。

（中国安全生产网2018-09-13）

高危行业安全管理员考核不能一放了之

新《安全生产法》[①]取消了矿山等高危行业主要负责人和安全生产管理人员安全培训资格之后，不少省市将这些人员安全生产知识和管理能力考核下放到县（市、区）安监部门。

但在具体实施过程中，随之出现了一些不容忽视的倾向和问题：有的当甩手掌柜，甚至以为既然考核权放给县级安监部门了，考核自然是你的事情，与我没有关系，一放了之、放任不管；有的采取政府购买服务的形式，认为将考核推给社会中介机构就万事大吉，对中介机构的资质条件、设施设备，尤其是人员素质、管理水平和必须的运行机制等降低门槛，没有建立起成熟的质量管理体系，对考核缺乏行之有效的监督检查；有的仍然教考不分，由培训机构承担考核职责，培训机构与考试机构混为一谈，于法不容，缺乏客观性、公正性，等等。

教育培训是基础，安全考核是关键。克服上述倾向，解决以上问题，必须深入学习贯彻新安全生产法，深化行政审批制度改革，既要简政放权，更要加强事中事后监管，切实优化服务，提高培训考核质量。

放管要结合。省市可以也应该下发培训考核权，但下放的是考核权力的组织实施形式，不放的是考核权力的归属。县级安监局组织高危行业主要负责人和安全生产管理人员考核，只不过是代表上级安监部门行使考核权力，考核、认定的主体依然是上级安监部门。上级安监部门的考核职责不是没有了，也不是减少了，反而更重了，要求更高了，要通过细化管理流程，加强过程审核，不间断抽查检查和远程监控等形式才能确保履职到位，达到预期目标。

政事要分开。安监部门可以采取政府购买服务的形式，推进安全培

①根据2014年8月31日第十二届全国人民代表大会常务委员会第十次会议《关于修改〈中华人民共和国安全生产〉的决定》第二次修正的《中华人民共和国安全生产法》。

训考核工作，但一定要明确，购买的服务是什么，政府与之相对应的职责有哪些，科学厘清边界，“法定职责必须为”，做到不越位不错位，更不能缺位。安全培训考核，社会中介机构可以做的只能是组织考核等考务工作，考核的权力只能也必须由主管的负有安全监管职责的部门行使，这是新《安全生产法》第二十四条明确规定的，不能把考务与考核不分。安监部门必须提高社会中介机构的准入门槛，从严控制入口关，严格运行过程监控，加强监管，保障培训考核质量。

教考要分离。安监部门可以认定社会中介机构开展培训考核，但不能把安全培训机构同时认定为考核机构，这既是安全生产教育培训“教考分离”原则所不允许的，也不符合第三方机构的本质特征。培训机构同时承担考核组织工作，既当教练员又是裁判员，考核的严肃性、程序性和正当性得不到有效保障，既损害了政府的形象，丧失了公信力，也违背了市场经济的原则。安监部门必须严格把关，全面排查并清理集教考于一身的考试机构，还安全培训考核以依法、客观、公正、科学的身份。

（2015-02-11）

不但不能放，更要从严

深化“放管服”改革，目的在于增强市场活力和创造力，促进经济持续健康发展和社会公平正义。如同市场机制与宏观调控统一于市场经济一样，放权与监管、服务两者融合于改革之中，缺一不可。“放”是为了激发市场活力；“管”是为了克服市场的消极因素，弥补市场的缺陷和不足，消除不符合市场规律的行为，使市场活力和企业积极性更加健康、更加规范、更加持续。因此，对影响市场主体作用发挥、干预微观经济的事项，必须坚决下放；对涉及公众健康和安全等不宜采取告知承诺方式的不该放的审批事项，就要坚决守住，不但不能放，更要从严审批。

企业是市场的主体，安全是企业的前提和基础。没有安全，根本不可能有企业的生存和发展，何谈市场主体作用的发挥？！“放管服”改革，不论是放，还是管，还是服务，首先必须牢牢把握住方向和源头，不仅要保障、巩固各类市场主体自身的存在，更要在此基础上调动它们的主动性、积极性、创造性，激发它们的生机与活力。保障、巩固市场主体自身的存在，必须始终把安全放在首位，坚持红线意识，强化底线思维，加强源头治理，严格安全准入，对与人民群众生命财产安全直接相关的安全生产审批事项，不仅不能放，而且还要提高准入标准，依法严格进行管理。

企业不单是市场的主体，也是安全生产的责任主体。当前，从总体来看，企业主体责任落实不到位依然是普遍现象，安全投入不到位、教育培训不到位、现场管理不到位、应急救援不到位仍未改观。有法不依、有章不循、违规作业、违反劳动纪律现象屡见不鲜，生产安全事故时有发生。天津“8·12”特别重大火灾爆炸事故、江苏昆山市中荣金属制品有限公司“8·2”特别重大铝粉尘爆炸事故等事故一再警示我们，企业的安全生产主体责任，在目前的形势下想要靠企业自己去自觉履行，是万万不现实的，也是不可能的。我们要做的，不是要把监管的权限下放到企业，相反而是要把涉及市场准入的安全生产审批事项进一步严格起来，切实提高准入门槛，依法从严管起来，为公众生命健康和财产安全把好每一道安全关。

从当前一些地方的“放管服”实施情况来看，一些地方照搬照抄，一味地“放”，好像只要“放”了就是改革了，不考虑接受的实施主体及其具体承办条件，简单化、一刀切。有的只“放”不“管”，更谈不上优化“服务”，其结果可想而知。安全生产领域最经不起折腾，来不得半点马虎，尤其需要严格监管。需要从源头准入入手，对涉及公众健康和安全等不该放的审批事项，坚决不能放；对可以下放的事项，也要认真分析，根据接受的实施主体和承接条件，慎重下放。同时要切实负起责任，坚持谁下放、谁负责，把“放”与“管”“服”有机统一起来，把下发事项的监管重点转向事中事后，真正做到监管更强、服务更优，确保安全发展。

（中国安全生产网2018-09-26）

让一切行为留下痕迹

“被告对作出的具体行政行为负有举证责任，应当提供作出该具体行政行为的证据和所依据的规范性文件。”《行政诉讼法》第三十二条的这一规定为行政机关作出行政行为确立了一项基本原则，即行政证据在先原则。

这一原则要求行政机关在作出行政决定之前，必须收集到充足的证据。《行政复议法》也有类似的规定，《行政复议法》第二十八条第一款第四项规定，被申请人不按照本法第二十三条规定提出书面答复，提交当初作出具体行政行为的证据、依据和其他有关材料，视为该具体行政行为没有证据、依据，决定撤销该具体行政行为。《行政处罚法》《行政诉讼法》等法律法规及其司法解释要求行政机关在行政决定做出前必须有足够的证据，否则要承担败诉的后果。

在行政执法实践中，行政机关每做出一项决定必须有充分的证据证明，既要实体合法，又要程序合法。也就是说在行政执法过程中，必须“让一切行为留下痕迹”。

行政执法行为，从行政行为的性质看，既包括行政许可，又包括行政检查、行政处罚，还包括行政指导、行政强制、行政处理等各种行政行为；从执法检查看，既包括执法的准备、执法的实施，又包括执法台账整理。从实施执法看，出示执法有效证件，实施检查的过程，确认行政相对人，认定行政相对人行为、情节、结果；两名执法人员检查，检查的先后顺序，执法过程的时限，听取当事人陈述、申辩等，每一步都需要留下痕迹。留下痕迹的方式既可以采用书面记录，包括现场检查记录、调查询问笔录、现场勘验笔录等，又可以采取照相录像录音等视听手段，形象直观地记录当时的情景和过程。

让行政执法的一切行为留下痕迹，一方面可以巩固执法的成果，保证执法达到预期的目的，另一方面可以固定行政执法的证据，保证执法合法有效。

（2009–05–22）

要在落实上下工夫

近日，国务院安委会印发《国务院安全生产委员会成员单位安全生产工作职责》的通知，进一步明确了安全生产工作职责，细化了安全监管责任。职责明确之后相关部门要树立起责任意识，不折不扣抓落实。

要不折不扣地落实，必须做到如下三点：

一要统一认识。要对照部门的“三定”方案，按照安委会通知明确的职责，开展学习宣传活动，将部门安全生产职责细化分解，按照内部机构分工，层层落实到岗位，落实到个人，人人对岗位职责了如指掌，烂熟于心。要进一步统一思想，牢固树立“制度不执行等于零”的理念，增强落实的必要性和重要性，坚决杜绝“制度再好只在纸上”的现象。

二要强化制度。根据安全生产监管职责，建立健全工作制度和工作流程，开展宣传教育，增强制度意识，牢固树立按制度办事的观念，养成自觉执行制度的习惯，把制度转化为每个人的行为准则、自觉行动，真正做到令行禁止。

三要健全机制。要建立健全责任追究制，严格责任追究。实行奖罚制度，形成激励机制，充分调动积极性，最大限度地发挥主观能动性。要建立综合协调机制，建立安全生产工作监督监察制度，健全安全生产监管联席会议，定期通报安全生产情况，解决重大问题，实行联合执法，整合资源，发挥整体优势，促进和谐发展安全发展。

只有真正从认识上、制度上、机制上高度重视，才能真正明确应该落实什么、怎样落实的问题，才能真正做好各方面的工作。言必行，行必果。我们必须做好落实这篇文章，从落实想措施，以落实为重点，向落实要效果。

（2009-06-07）

安全教育是安全发展的基石

据统计，2009年某地发生的生产安全事故中，75.83%的事故是职工违章操作造成的。违章操作源于安全意识不强，安全第一的观念没有深深扎根于头脑中。减少消除违章行为，必须改变观念，改变观念离不开安全教育。观念是行为的先导。加强安全教育，用先进的观念武装头脑，是全面提升安全水平，实现安全发展的治本之策。

企业加强安全教育培训，必须面向主要负责人、其他管理人员、安全管理人员和从业人员四个层面，全面提高安全意识，增强安全观念，实现人人想安全，时时抓安全，事事要安全，营造全企业视安全为生命的浓厚氛围。通过安全教育培训，可以使主要负责人不断了解安全生产的最新法律法规、党和国家的方针政策，提高他们的安全决策水平；可以使其他管理人员掌握安全生产法律法规规章标准，提升他们的安全生产管理能力；可以使安全管理人员系统学习安全理论和安全技术，提高安全生产专业能力；可以使员工熟练掌握安全生产操作规程和岗位安全知识，提高预防事故的能力。

企业安全教育培训必须坚持正面教育与反面教育相结合、现场教育与超前教育相结合、单位教育与家庭教育相结合，调动一切力量，采取多种形式，创造全体干部职工人人管安全抓安全，人人都是安全员的社会环境，让企业的管理者、员工以及员工的家庭成员都参与到企业的安全生产监督管理中来，真正形成企业是我家、人人为大家的企业文化，为企业安全发展提供源源不断的活力。

实现安全发展，不仅需要企业全员安全意识、安全观念的增强，更需要全社会安全意识、安全素质的增强，毕竟企业是社会的一员。企业以及企业的员工离不开社会的大环境，离不开全社会安全意识和安全观念的增强。增强全社会的安全意识、安全观念，必须全社会齐抓共管，发挥各级政府及其有关部门的优势，借助各种新闻媒体，通过各种教育渠道，持续不断地开展安全教育“进乡镇、进企业、进社区、进学校、进家庭”等

"五进"活动，建立健全安全教育长效机制，不断提高全社会安全意识和安全素质，为安全发展奠定坚实的基础。

（2009-07-10）

应正确处理综合监管与行业主管等几个关系

安全生产监督管理涉及与相关监督管理部门、生产经营单位以及中介机构的方方面面的关系。把握和处理好这些关系，直接关系到安全监管的效率和效益，影响着行政执法的水平和质量。把握和处理好这些关系，必须坚持两点论与重点论相统一的观点，抓住重点，一分为二。

一是全面认识安全监管的对象，即行政相对人的范围，重点放在企业法人上。《安全生产法》界定了安全生产监管的对象，在中华人民共和国领域内从事生产经营活动的单位（统称生产经营单位）都属于安全监管的对象。除此之外，安全中介机构和配训机构也属于安全监管行政相对人。根据国家安监总局《安全生产违法行为行政处罚办法》第六十七条规定，这里的生产经营单位，是指合法和非法从事生产或者经营活动的基本单元，包括企业法人、不具备企业法人资格的合伙组织、个体工商户和自然人等生产经营主体。在这些行政相对人中，安全监管的主要对象是各种法人组织。法人组织与其他组织、公民相比，安全条件要求高，隐患相对多，事故发生的频率高，发生事故造成的损失比较大。

因此，安全监管的重点在于法人组织。在日常监管过程中，既要不放松对其他组织、公民的安全监管，更要突出对法人组织的安全监管。不可主次不分，甚至主次颠倒。

二是正确处理综合监管与行业主管的关系，不可越位，也不能缺位。《安全生产法》第九条明确了安监部门与其他负有安全生产监督管理职责的部门的权限。安全生产监督管理部门履行监督管理职责必须科学认识和处理综合监管和行业主管的关系，既要全面履行自己的职责，依法管理危险化学品、烟花爆竹、非煤矿山等高危行业的安全生产，又要监督监察工商贸等行业的安全生产管理工作。

同时，又要发挥协调、指导、监督的职能，为建设、质监、消防、教育、国土资源、交通、水利、海洋与渔业等其他负有安全生产监督管理职责的部门提供安全生产信息、规划与技术支持指导，但不能代替这些部门的工作，更不能以综合指导为由，越权监管。另外，也不能以有主管部门监管为由，放弃综合监管的职责。

三是正确处理管理与监督的关系，强化管理。安全生产监督管理部门担负着管理与监督的双重职责，发挥安监部门的管理职责，安监部门必须集中精力突出抓好自身主管的危险化学品、烟花爆竹、非煤矿山等高危行业的安全生产，按照谁主管谁负责的原则，切实担负起监管主体的责任；对工商贸行业的安全生产工作，严格按照职权法定的原则，严格履行好监督监察的责任。

同时，对于建设、质监、消防、教育、国土资源、交通、水利、海洋与渔业等其他行业的安全生产监管工作，科学定位，严格依据法律法规界定的职责和程序，借助安全生产委员会的机构，发挥规划、指导、监督等宏观作用，不可倾力为之，越俎代庖，掌握监督、指导的确切内涵，把握宏观与微观的关系，不能缺位，更不能代替相关行业主管部门的安全管理工作。在具体的安全监管监察中，以《安全生产法》第九条、第五十六条、第六十条的相关规定履行自己的职责，切实做到不越位、不缺位。

四是合理处理监察与处罚的关系，牢牢把握监管监察的目的。《安全生产法》第二条明确规定安全生产监督管理的目的在于防止和减少生产安全事故，保障人民群众生命和财产安全，促进解决发展。《行政处罚法》第五条规定，实施行政处罚，纠正违法行为，应当坚持处罚与教育相结合，教育公民、法人或者其他组织自觉守法。因此，在安全生产监管过程中，必须牢牢树立监管监察在于纠正违法行为的思想，处罚只是监管监察的一种迫不得已的手段，它不是执法的目的。

当然，监察与处罚不可偏废，不可重视一方而忽视另一方，应根据法律法规的具体规定，按照客观违法行为具体事实、情节、性质和社会危害程度，遵循公正、公开和合理的原则，应该依法处罚的坚决予以处罚。不管怎样，监察和处罚都服从和服务于安全生产监管的目的。在这个问题上，既不能强调监察而不去处罚，也不能一味处罚而偏离监察的目的。应把执法教育与监察处罚结合起来，实现安全监管的目的。

（2009-07-21）

破解综合监管的难题首先要定好位

基层安监部门综合监管行业领域的安全生产工作时，如何指导、协调、监督有关部门，不同程度地遇到了很多难题，常常会出现越位、缺位的困惑，“干多了容易越位，干了不该干的事；干少了容易缺位，该干的事没有干或没干好，做深了容易越权，做浅了容易失职”，有时候好心办的好事却并不符合法治原则。

如何破解这一难题呢？笔者认为，全面把握职权法定原则，科学理解综合监管的含义，准确定好自己的位，这是首先必须要解决的关键问题。

一是正确理解职权法定原则。职权法定是对行政机关权力来源的基本要求，行政机关的权力必须是法律授予的，法律规定政府享有多大职权，政府才能行使多大职权，凡是法律没有授予的权力，政府一概无权行使，否则就是超越职权或滥用权力，就是违法。职权法定原则中的“法”不仅包含单行的授权法，还包括行政组织法（行政机构的编制方案是行政组织法的重要内容）。

理解职权法定原则，必须深刻地理解这样一个重要的区别，即对政府而言，“法无明文授权即为禁止”；而对公民而言，法无明文禁止即为许可。在国家机构中，行政机关与立法机关、司法机关的权力，以及各级行政机关之间的权力和职责，都有分工。各个权力主体必须在自己的职权范围内行使权力。行政机关一定要按照行政组织法的规定，在法定职权范围内进行活动。

二是全面把握监管职责的来源。安监部门按照职权法定原则，必须在法定职权范围内行使法律赋予的权力。

对安全生产实施综合监督管理，是法律赋予各级安全生产监管部门的基本职责。《安全生产法》第九条规定，县级以上地方各级人民政府负责安全生产监督管理的部门依法对本行政区域内的安全生产工作实施综合监督管理。

安监部门依法履行综合监督管理的职责，必须在安监部门的职权范围内进行。换句话说，安监部门履行综合监管职责，必须严格执行国务院行政机构的编制方案，必须在国务院办公厅《关于印发国家安全生产监督管理总局主要职责内设机构和人员编制规定的通知》（国办发〔2008〕91号）中规定的职责范围内行使职权。离开职责范围，不论出于多好的目的，都是超越职权。

三是科学理解综合监管的含义。既然《安全生产法》赋予了安监部门综合监管的权力，国务院“三定方案”明确界定了综合监管的职责，那么，安监部门综合监管职责的含义是什么呢？

从安监总局的层面看，按照国务院办公厅国办发〔2008〕91号安监总局的“三定”方案，概括讲就是“两加强”，即加强对全国安全生产工作综合监督管理和指导协调职责，加强对有关部门和地方政府安全生产工作监督检查职责。具体来说，（一）组织起草安全生产综合性法律法规草案，拟订安全生产政策和规划，指导协调全国安全生产工作，分析和预测全国安全生产形势，发布全国安全生产信息，协调解决安全生产中的重大问题。（二）承担国家安全生产综合监督管理责任，依法行使综合监督管理职权，指导协调、监督检查国务院有关部门和各省、自治区、直辖市人民政府安全生产工作，监督考核并通报安全生产控制指标执行情况，监督事故查处和责任追究落实情况。（三）负责组织指挥和协调安全生产应急救援工作，综合管理全国生产安全伤亡事故和安全生产行政执法统计分析工作。（四）指导协调全国安全生产检测检验工作，监督管理安全生产社会中介机构和安全评价工作，监督和指导注册安全工程师执业资格考试和注册管理工作。（五）指导协调和监督全国安全生产行政执法工作。由此，地方安监部门的职责可见一斑。

从上述的具体内容中，我们必须明确，作为综合监督管理的职责范围，无非涉及两个主体和两个方面的内容。两个主体是有关部门和下级政府；两个方面的内容，一是指导协调、监督检查同级有关部门和下级政府安全生产工作，二是监督考核并通报安全生产控制指标执行情况和监督事故查处和责任追究情况。

安监部门行使综合监管职责，必须据此严格行使，把握好度，既不能缺斤短两，又不能越俎代庖。要统筹兼顾，有所为有所不为，法律法规和规章及“三定方案”规定的安监部门的职权必须履行，履行到位，履行全面；法律法规、规章和政府“三定方案”规定的其他行业安全监管部门的职权绝对不染指。

（2011-02-17）

提升监管监察能力，明确职责是关键

随着《安全生产监管部门和煤矿安全监察机构监管监察能力建设规划（2011—2015年）》的印发实施，安全监管监察能力建设已成为当前和今后安全生产工作的重要内容。与之相对应的是，在日常安全生产监管中，大量的基层监管监察部门和监管监察人员对自己的部门职责不清楚，连自己应该干什么、怎么干都不甚了解，何谈监管监察能力？

提升监管监察能力，前提是明确安全生产监察监察职责，准确把握安全监管监察能力的内涵和外延。《安全生产法》第九条赋予安监部门综合监管职责，第五十六条对安全生产监管职权进行了明确。安全生产监督管理部门依法进行安全监管监察，其内容包括两个方面：一是对生产经营单位执行有关安全生产的法律、法规情况进行监督检查；二是对生产经营单位执行国家标准或者行业标准情况进行监督检查。具体而言，一是调阅资料，向有关单位和人员了解情况。二是查处违法行为，对检查中发现的安全生产违法行为，当场予以纠正或者要求限期改正；对依法应当给予行政处罚的行为，依照本法和其他有关法律、行政法规规定作出行政处罚决定。三是排除事故隐患。对检查中发现的事故隐患，应当责令立即排除；重大事故隐患排除前或者排除过程中无法保证安全的，应当责令从危险区域内撤出作业人员，责令暂时停产停业或者停止使用；重大事故隐患排除后，经审查同意，方可恢复生产经营和使用。四是查封扣押不能保障安全生产的设施、设备和器材。对有根据认为不符合保障安全生产的国家标准或者行业标准的设施、设备、器材予以查封或者扣押，并应当在15日内依法作出处理决定。

因此，提升安全监管监察能力，首先必须准确把握安全生产监管监察的对象、内容、范围和手段，明确自己应该做什么、怎么做，然后才能有的放矢，加强措施，增强监管监察的实效。克服安全监管仅仅查处违法行为的片面认识，纠正那些安全监管监察就是排查治理企业隐患的错误观点。安全生产监管监察既要查处企业的安全生产违法行为，也要消除检查中发现的事故隐患；安全监管监察必须处理好企业的安全生产主体和部门的安全监管的关系，安全监管既不能越俎代庖，也不能撒手不管，切实做到“就位不缺位、到位不越位、对位不错位和监督不埋怨、帮助不包办、指导不疏管”。在此基础上，学习、实践才能方向正确，安全监管才能目标明确，才能采取有力措施，提高综合协调能力、监督指导能力、执法监督能力、驾驭全局能力、实践创新能力，不断提高综合监管队伍素质。

（2012–04–17）

服务型政府绝不是“保姆”政府

现代市场经济条件下，不论安全生产处在哪一个阶段，安全生产水平多么低下，政府绝不是“保姆”政府，政府职能转变的基本方向是确定无疑的，那就是服务型政府，不可能也一定不是保姆型政府。

一切为市场主体着想，这是服务型政府的核心理念。这一点大多数人都不会持有异议。但是，需要特别强调的是：服务型政府并不意味着政府包办一切，为市场主体提供全方位服务，不遗余力无微不至地“关怀”市场主体（公民、企业等），充当万能的“保姆”。

市场经济最大的生机和活力就在于它是效率的助推器，就在于它能调动每一个平等市场主体提高生产力，对公民是这样，对企业是这样，对政府也是如此。同时，政府效率再高，服务再好，也总有忙不过来的时候，也不可能把每件事情都办好。因此，适应市场经济的客观要求，政府必须转变职能，两手抓，发挥“有形手”与“无形手”手拉手一起走的协调作用，从无所不为的万能政府、保姆型政府转变成有所必为的有限政府、服务型政府，把工作内容最终集中到规划制定、经济调节、市场监管、区域协调、社会管理和公共服务等方面上来。

把计划经济体制下对企业的微观管理转变到市场经济形态下的宏观调控。从直接干预与行政命令是改革前政府管理经济活动的唯一方式，转变为以经济手段和法律手段为主、辅之以必要的行政手段的经济调控体系。安监总局“三定”方案规定的职责，比如组织起草安全生产综合性法律法规草案，拟订安全生产政策和规划，指导协调全国安全生产工作，分析和预测全国安全生产形势，发布全国安全生产信息，以及监督管理，监督检查等无不体现了这一要求。

与此同时，服务型政府也不意味着社会和公民被动地接纳政府的照顾。企业等社会组织和个人能够与政府一样成为市场经济的平等主体，独立自主地决定和从事自己的业务，这是市场经济有效资源配置的前提条件。企业是安全生产的主体，企业安全生产需要企业去做，如同企业发展经济一样。政府的任务是受人民委托来监督管理企业安全生产工作是否遵守国家的法律法规、国家标准或行业标准。如果企业一切依法行事，政府没有权力去直接干预企业的安全生产工作，如同企业守法经营，照章纳税，政府没有权力去干预企业的生产经营活动一样。政府的服务就在于以企业（公众）为中心，根据企业（公众）的需求来开展服务、决定自己的行为。

安全生产需要政府服务，更需要企业自主行为，需要政企互动、共管共治。一是需要政府摆正位置，回归公共服务的核心职能，实现管理社会化。党的十七大报告中明确指出安全生产是社会管理的一项工作，安全生产必须走社会化管理的道路。二是企业等社会组织发挥安全生产的主体作用，建立健全自我管理自我纠正工作机制，积极主动加大全员全过程全方位安全生产管理，守法遵纪，实现安全生产自治化。

（2011–02–19）

安全管理不能休假

临近年底，各个部门单位都在准备放假，上班的人员多少有些坐立不安，原先谨小慎微的安全意识开始松动，不良的行为习惯开始显现。与之相对应，随着安全管理人员的轮流值班，安全检查、安全教育不可避免地出现空档，甚而至于有些单位和部门根本没有安全管理人员值班，给安全生产造成监管上的盲区。这种时候，最容易发生问题。安全生产不能有侥幸，安全管理不能有盲区。越是关键时刻越要加大力量加强检查力度，抓反复，反复抓。

一是强化安全教育。根据部门单位的实际情况，合理安排值班人员，主要领导、分管领导、车间、班组科学搭配，合理分工，全面落实责任。仔细做好思想工作，从小处入手，抓好细节，全方位监控，全过程管理。

二是全面排查隐患。从每一个岗位、每一个环节、每一名从业人员抓起，坚持隐患排查治理横到边纵到底不留死角的拉网式排查制度，发现一处，整改一处；对重大隐患，落实到岗位、人员、时限、措施，制订应急预案，实行实时监控，健全隐患动态报告制度，随时采取切实手段加以处理。

三是加强应急管理。健全应急预案，坚持通讯信息24小时畅通制度，落实人员、设施设备物资，一旦发现险情，及时联络，马上到位，迅速行动。

（2009-02-11）

实施“三全”管理，实现安全发展

落实生产经营单位安全生产主体责任，实现安全发展，必须发挥全体从业人员的积极性，立足生产经营的全过程，从生产经营过程的全方位入手，加强管理，强化措施，排查和治理、消除隐患。

抓好安全生产，人的因素是首要因素。从业人员的素质高低直接决定着生产的水平、效益和安全程度。从业人员的意识、思想、行为安全左右着管理的水平和成效，关乎物的安全状态。加强安全管理，首先必须加强安全教育，强化安全培训，将教育与培训当做一项常规工作，天天抓，月月抓，年年抓，使安全教育与培训成为从业人员的生活一部分，让学习变为从业人员自觉的行动。其次，在全面教育培训的氛围下，营造人人是安全管理人员的环境，建立全员安全生产责任制。通过三级教育、三级监管，牢牢树立“三不伤害”理念，让每个从业人员管好自己的行为，管好自己的设施设备器材即管好自己的物，排查和治理好自己工序的事故隐患。最后，建立人人都是监督人员制度，监督与自己相关工序的伙伴或者班组、车间的生产经营是否符合规章制度、操作规程和劳动纪律，营造一种互相学习、互相借鉴、互相监督、共同提高的环境和氛围。环境改造人，环境影响人，环境改变人，通过以上措施，实现全员参与管理，全员安全生产，安全发展和谐发展不是难事。

生产经营的整个过程是一个不可分割的系统，每一工序、班组、车间是相对独立而又互相联系的。安全管理必须关注生产经营的全过程，既不能孤立地抓班组、车间或者生产工序，也不能只抓生产经营而忽视仓储、运输或者后勤保障，必须把整个工序作为完整的流程一以贯之地抓下来抓好，尤其是工序与工序之间、班组与班组交接点、车间与车间关节点这些薄弱点、空白点，通常是事故隐患的聚集区，必须采取切实有力措施，安排专门管理人员，定期不定期地检查督促。隐患不在大小，事故常常多发于小事。因此，安全管理无小事，事事关系财产生命。立足生产经营的全过程，抓好一切环节的安全管理，是杜绝和减少事故的基础工作。

如果说生产经营的全过程是纵向管理的话，那么生产经营的全方位则是横向管理。在日常管理过程中，常常听说，生产安全是生产经营者的事，与我们销售、财务、后勤、行政人员没关系。事实上，生产安全，不仅包括生产者生产的安全，而且包括物比如生产场所、库房、设施设备等的安全状态，还包括各种管理人员包括销售、后勤等人员的安全管理。安全管理，必须是全方位的，哪一个环节出现问题，都会直接或者间接影响生产安全，酿成生产安全事故。

因此，加强安全管理，不仅要有生产经营的整体规划，还要有全体岗位的责任制、安全管理制度、安全目标考核档案，还必须有整个生产经营单位的事故应急救援预案，应急管理包括内外各个系统的全员参与。每一岗位、每一人员只有明确各自的任务、目标和责任，明确各自的措施与要求，才能在整个生产经营单位安全发展的一盘棋中发挥应有的作用。全员全过程全方位管理是一个整体，实现安全发展，必须“三全”合一，协同管理，发挥人、物、管理三者的有机结合，最大限度地调动各方面积极性，达到人的行为、物的状态和管理的安全。

（2009–03–07）

规范管理，软硬兼施

生产安全事故的发生，是许多因素互为因果连续作用的最终表现，按照现代安全管理的基本理论，人的不安全行为和物的不安全状态是其主要原因。而造成人的不安全行为和物的不安全状态的原因又可归结为技术、教育、身体和态度以及管理原因。因此，规范安全生产管理，贯彻预防为主的方针，必须采取内在的约束和外在的规制两种手段，内外结合，软硬兼施。

内在的约束，就是通过从业人员提高技术水平，经过教育培训增强安全意识、安全技能，自我规范自己的意愿和行为，自觉做到“三不伤害”。外在的强制，就是通过强制管理的手段控制从业人员的意愿和行为，使个体的活动、行为受到安全管理法律法规纪律等安全管理要求的约束，实现安全管理的效果。

内在约束力的增强关键在于安全教育培训。通过集体教育和自我教育，提升从业人员的安全技术水平，提高从业人员遵章守纪的自觉性。不论是集体教育还是自我教育，教育的出发点和归宿始终不能离开从业人员安全技术水平的提高上。为此，必须立足从业人员的不同岗位，设置不同的教育课程，编制不同的教育计划，采取不同的教育培训方式。从思想深处挖掘从业人员忽视、轻视安全教育的根源，运用从业人员身边的案例作为教育的内容，深入剖析，加强警示教育。从从业人员自身的岗位出发，让从业人员自己制定操作规程，参与规章制度和安全责任目标的起草，增强实际体验，加大落实的实效性。同时，严格落实自我反馈总结制度，形成自我评价自我提高的机制。

外在强制力的发挥，关键在于制度纪律的制定是否切合实际和执行制度和纪律是否严格，能否贯彻到底。这取决于企业的整体管理水平，取决于管理人员的权威和力度。如前所述，制度和纪律要坚持从从业人员中来到从业人员中去的路子，贯彻落实制度和纪律必须设立专门的安全管理机构，配备有威望的安全管理人员，同时必须赋予安全管理机构和安全管理人员必要的权限，主要负责人和职工代表大会一定要支持安全管理机构和安全管理人员的工作，为安全管理机构和安全管理人员开展工作创造必要的环境和条件。

强制必须发挥它应有的作用，强制才能弥补教育的不足和权限，这是实现强制管理目的的底限。否则，安全管理的目标只能成为一句空话。当然，外在的规制同内在的约束相比往往是软弱无力的，毕竟外在的强制它要通过内在的约束才能发挥作用。从业人员只有在接受外在强制的同时，不断加强内在的约束，企业的管理才能真正走向安全发展的健康轨道。

（2008-11-02）

强装备与富脑袋必须双管齐下

继国家发展改革委、国家安全监管总局联合印发的《安全生产监管部门和煤矿安全监察机构监管监察能力建设规划（2011–2015年）》发布之后，近日，国家发展改革委下达了2012年县级安全监管部门监管执法专业装备建设项目中央预算内投资计划4亿元，至此，全国县级安全监管部门执法能力建设项目正式启动。

工欲善其事，必先利其器。该项目的实施，必将改变全国基层安全监管监察系统落后的装备状况，完善县级安全监管部门办公用房，更新补充交通执法工具和各类监管专业装备，提升基层安全监管部门执法装备水平，强化安全监管执法能力，推动工作条件标准化建设。

但装备水平的提升不一定随着带来执法能力的提高。强化安全监管执法能力，既要强装备，更要富脑袋。安全监管执法人员是安全监管的实践主体，国家的安全生产法律法规需要安全监管执法人员去执行，需要安全监管执法人员督促生产经营单位去落实，再好的监管执法设备和装备离开安全监管人员的正确管理和操作，都不可能充分发挥其效能。所以，提高安全监管人员的监管执法素质是做好安全监管执法的关键。

人的因素是最重要的因素。生产安全事故的发生是人的不安全行为、物的不安全状态、管理上的缺陷、环境的不良共同作用的结果。因此，预防生产安全事故发生的三大对策是工程技术、安全教育和安全管理。工程技术是由人来发明和实施的，其能否发挥安全保障作用，发挥作用的程度取决于人的素质高低和能力大小；安全教育和安全管理实施主体和客体都是人，安全生产目标能否实现取决于安全教育培训的水平和安全管理的层次，取决于生产经营单位从业人员的安全意识和自保互保能力以及遵章守纪的自觉性，取决于安全监管人员的责任意识和依法监管水平。

目前，与基层安全监管执法装备落后现状同时存在的突出问题是，基层尤其是县（市）、乡（镇、街道）安全生产监管执法人员普遍缺乏系统的统一的安全监管培训，针对基层安全生产监管人员的执法培训没有形成制度化规范化，没有建立执法培训长效机制，专业的执法业务培训更是少之又少。面对不断更新的现代安全生产管理理论和安全生产技术、各类生产安全事故案例、各种安全生产技术标准，基层的安全生产监管执法人员大量的知识技能只能通过自学才能获得，同时，基层的大量安全监管执法人员又普遍缺乏理论基础。因此，基层安全生产监管执法人员的执法业务已成为制约安全监管能力的瓶颈。加强基层安全监管执法能力建设，必须把基层安全监管执法人员的培训放在突出位置，抓紧抓好，抓出成效。

（2012–07–05）

预防事故须切实加强安全管理

2012年6月29日，国务院河南航空有限公司黑龙江伊春“8·24”特别重大飞机坠毁事故调查组发布《河南航空有限公司黑龙江伊春“8·24”特别重大飞机坠毁事故调查报告》。造成事故的直接原因有三：一是机长在能见度为2800米（能见度最低标准为3600米）的情况下实施进近；二是飞行机组在未看见机场跑道、没有建立着陆所必须的目视参考的情况下实施着陆；三是飞行机组在忽视无线电高度语音提示，且未看见机场跑道的情况下，未采取复飞措施，盲目实施着陆，导致飞机撞地，最终酿成44人死亡、52人受伤，直接经济损失30891万元。

分析背后的间接原因，不论是技术管理问题、飞行机组调配不合理、应急培训不符合相关规定要求，还是资金和技术支持不够、频繁调动经营班子，还是民航管理机构监管不到位，一句话，违反规定，安全管理不到位是事故发生的主要原因。

无独有偶。京珠高速河南信阳“7·22”特别重大卧铺客车燃烧事故，同样是违反规定（客车违规运输危险化学品），安全管理不到位（客运安全管理混乱、监管单位监督检查巩固措施不到位）造成的。总结今年来发生的校车、煤矿等各类生产安全事故，事故发生的根本原因是安全管理不到位。安全生产管理不到位，既有生产经营单位的安全管理粗放、混乱甚至于放羊式管理，又有相关管理部门监督检查不到位。有资料统计表明，62%以上的较大事故是由非法违法导致的。

现在有些生产经营单位，主要负责人对安全生产管理不重视，没有按相关规定建立健全安全生产管理机构，没有专兼职安全生产管理人员。即使有安全管理人员，安全管理的履职能力也不足，有些甚至不具备安全生产管理的基本条件。在中小企业里面，有些兼职的安全管理人员形同虚设，根本没有时间和精力，对安全管理一无所知，也没法去进行管理。因此，生产经营单位的危险源辨识、风险评价、危险预警与监测管理、事故预防与风险控制以及应急处置等，根本无从谈起，对企业的基本情况、事故隐患一头雾水。另外，从监管方面说，由于方方面面的原因，安全生产监管人员监督检查确实做了不少的工作，但是企业的主体责任与监管责任不明晰，安全监督检查的手段和措施不足，隐患排查治理的督促效果大打折扣，也为事故的发生留下了缺口。杜绝、减少生产安全事故必须加强安全管理。

加强安全管理，必须切实落实企业安全生产主体责任，建立健全企业安全管理体系，全面落实主要负责人第一责任人的安全生产职责，加强企业安全生产管理机构和管理人员配备及培训教育，同时，必须切实加强对生产经营单位的行政监管力度，相关部门要认真履行职责，督促企业落实安全生产主体责任，对企业存在的安全隐患，要及时督促整改到位，对不及时采取措施治理事故隐患的，依法严肃处理。

（2012-07-13）

“三不罚”于理于法讲不通

近期，一些地方安监部门为更好地帮助企业平稳渡过金融危机时期，解决企业经济发展受阻困境，相继出台了“三不罚”原则，即首查不罚、隐患及时整改不罚、改进过程中不罚或未整改但未造成严重后果的不罚。笔者认为，“三不罚”原则于情可谓用心良苦，但于理于法难以服人。

所谓于情用心良苦，是从“三不罚”原则出发点和目的而言。面对全球金融危机的挑战，保持经济稳定增长成为各地政府当前的首要任务。在此过程中，各个部门都在为“保增长”尽力，一些安监机构也相继出台了“三不罚”原则，积极采取措施加大对企业服务力度，以此想为企业健康发展创造良好环境。这种“人情化”的手段、为企业解决困难的良苦用心，的确令人感动。

这种措施真的能够如愿以偿吗？我看未必。这从道理上就讲不过去。其一，解决困难首要的是找出找准造成这一难题发生的原因，然后才能对症下药，有的放矢，采取恰当的方法加以克服。如果不分青红皂白，单凭满腔热情，不仅于事无补，反而会适得其反，好心办坏事。其二，当前企业遇到的困难，是全球金融危机造成的市场需求不足，企业产品销售不旺。解决这一问题，需要开启市场，适应市场需求，开发适销对路的产品，调整结构；需要政府在资金、技术、金融财政政策等方面加大帮扶力度。这些帮扶绝不是“三不罚”能够解决的。因此，实行“三不罚”原则也不可能实现为企业健康发展创造良好环境的目的。不仅如此，反而会因此纵容企业降低安全条件，放松安全管理，出现生产安全事故隐患整改放慢、整改力度下降、整改质量缩水的局面，造成安全环境的恶化。

由此可见，“三不罚”原则还与“安全第一、预防为主、综合治理”的方针相违背，不符合相关的法规。其一，“三不罚”原则有违“有法可依、有法必依、执法必严、违法必究”的社会主义法治的基本内容。罚与不罚取决于《安全生产法》，取决于《行政处罚法》，不是自由裁量权可以随意裁量的，即使行使自由裁量权也必须依法进行。其二，按照《行政处罚法》的相关规定，不予行政处罚的情形有以下几种：（1）违法行为轻微并及时纠正，没有造成危害后果的，不予行政处罚。（2）违法行为在二年内未被发现的，不再给予行政处罚。法律另有规定的除外。（3）不满十四周岁的人有违法行为的，不予行政处罚，责令监护人加以管教。（4）精神病人在不能辨认或者不能控制自己行为时有违法行为的，不予行政处罚；（5）违法行为轻微，依法可以不予行政处罚的，不予行政处罚。“三不罚”原则与上述五种情形不符，违背《行政处罚法》的原则精神。

安全生产行政处罚与经济发展并行不悖，相得益彰。安全发展是科学发展的应有之义，安全监管、依法处罚是改变安全生产严峻形势，实现经济社会又好又快发展的必要手段。任何时候任何形势都要坚持“安全第一、预防为主、综合治理”的方针政策，决不能因为金融危机经济发展受阻就改变这一点，越是经济环境不佳越要强化监管，严格执法，依法处罚，确保安全形势稳定，为经济社会稳定保驾护航。

（2009-03-20）

应急能力建设亟待加强

2012年5月30日，国务院安委办公室通报了近期盲目施救导致较大事故多发的情况。近期，因盲目施救导致事故扩大的较大事故呈多发态势，5月份以来已发生11起，事发时只有14人涉险，最终导致40人死亡、8人受伤。

盲目施救导致事故死亡人员增多，其根本原因在于作业人员安全意识淡薄、自救互救能力低。出现这些问题的症结是企业应急能力低、安全教育培训不到位、应急预案不完善、没有配备必要的防护用具、不按规定进行应急演练。即使有应急演练，在不少的企业也是只演不练，作业人员缺乏实战经验，不知危险是什么，不懂操作步骤，不会自我救护，更谈不上互相救助了。

安全生产管理坚持“安全第一、预防为主、综合治理”的方针，必须做好事前预防、事中应急和事前处理三篇文章。“凡事预则立，不预则废。”安全生产必须关口前移重心下移，突出事故预防这个关键环节。但是安全是相对的，危险是绝对的，生产过程中人、机、物、环境等方面的危险因素失去控制，预防措施不到位，安全隐患不及时消除，事故发生不可避免。因此，加强作业过程中的危险源辨识和分析，据此制定事故应急救援预案和措施，强化事故应急管理成为安全生产的最后一道“防火墙”。

时下不少生产经营单位应急管理不到位，表现在以下几个方面：一是应急预案形式化，搞形式主义。只注重有预案，预案要件齐全，至于预案是否切合本企业实际，是否从本企业的事故和伤害诊断情况作出的，是否具有针对性等不管不问，应急预案不是为出现事故救援设置，是为检查准备的。二是应急培训表面化，搞面子工程。应急预案是否下发到企业的每一个从业人员，是否对不同岗位的从业人员进行针对性的安全培训，是否达到培训的目的和要求，不清不楚，仅仅是补一些培训记录了事。预案的形式化决定了应急培训教育的空洞和不切合实际。三是应急演练走过场。由于应急预案不完善，没有针对性，又缺乏演练方案，应急演练不可避免地存在被动应付的迹象。有些企业不管行业企业特点和可能发生的事故，一提预案演练就是消防演练；有些企业没有营造真实的场景，搞“排演”；有些企业要么不管综合预案专项预案“一锅煮”，要么撇开原有的预案，另起炉灶；不少企业应急器材不足，没有组织所有的相关人员参加演练，等等。

因此，发生生产安全事故后，盲目施救造成事故扩大也就在预料之中。所以，要进一步做好安全生产工作，有效防范和坚决遏制因盲目施救导致事故扩大的情况，必须全面落实企业的安全生产主体责任，进一步强化安全宣传教育培训，加大应急管理能力建设，完善应急救援预案，加强应急救援演练，增强从业人员的风险意识和自救互救能力。

（2012-06-09）

应急预案更要强调事前防范

近日，学习中国公安大学王大伟教授的《无事故学校——新概念中小学校安全预案》，其中谈到预案的三个误区：即“预案不是事件后的应急反应，而是事前的主动防范；预案不是放在领导办公桌上的空头文件，而应该藏于每个学生头脑之中；预案不是空洞的理论性文件，而是实际的、可操作的自救自护的技能”。结合时下企业的实际情况，深有体会。

现在很多企业不也是这种情况吗？预案编制一味地照搬《生产经营单位生产安全事故应急预案编制导则》格式，不考虑企业自身的危险源和风险分析，一味照抄其他企业的模版，这样的预案即使再完美也只能是徒有形式而已，连本单位的危险都不清楚，又能有什么预防对策呢？即使有对策，哪些又能真正起作用、确保有效呢？

《左传》有言：“居安思危，思则有备，备则无患。”防患于未然可是编制预案的基本要求。如果企业的预案连“患”都不清，又如何去防呢？这么说，有些企业不以为然。“我们的预案，发生事故后可以立即启动。”立即启动是可能的，但启动之后的结果如何，措施用得上、管用吗？即使用得上、管用，毕竟被动的防御不如事前的预防。凡事预则立，不预则废，安全生产预防为主。我们必须实现从事后救援到事前防范的转变。

实现由事后应急到事前防范，不仅需要进行危险源辨识和风险分析，还需要让职工知道自己所处岗位的危险源及控制措施、处置程序，熟悉操作规程，熟练掌握应急处置知识。这需要企业将制定的预案进行广泛的宣传和培训，让预案藏于职工的头脑之中，而不是停留在领导的办公桌上。现在有些企业的预案编制不是从下（岗位一线从业人员参与识别危险）到上（办公室进行综合分析确定对策），而是将互联网上其他企业的现成的预案模版搬到自己的企业里来，至于是否与企业的生产工艺、岗位特点相符则很少考虑，对本企业的危险源和风险没有全面辨识和分析，没有按照国家规定进行论证。

同时，企业制定出预案之后，又缺少下发、沟通环节，没有经过职工讨论，未进行外部评估，其科学性和针对性不强。在实施过程，没有采取多种形式开展预案的宣传教育，应急预案的培训不到位，事故的预防、自救和互救知识不足，从业人员安全意识和应急处置技能不高。

由此，提高企业的预案管理水平，首先要改变认识，树立事前主动防范的观念；其次要遵循预案编制的“五步法”，收集企业的危险源信息，进行风险分析、设计编制预案、贯彻实施、科学评估，每一步都要从企业自身实际出发，力求针对企业危险源和风险，采取措施有针对性，操作程序简便易行、管用有效是最高原则。最后，强化宣传教育和培训，切实让预案入脑入心，真正成为职工自救互救的护身符。

（2014-10-16）

建立基层安监员培训机制迫在眉睫

打开国家安全监管总局和省级安全监管局的网站，常常会看到不少关于举办培训班、座谈会的通知，仔细阅读其内容便会发现，这些通知多数是针对省级监管机构以上的，很少有地级的专题培训班，县级的更是鲜见，即使出现县级的座谈会，县级安监机构参加的人员比例又是少之又少。这种境况与基层安全监管工作的现状不相称。

县级以下安全生产是整个安全生产工作的最基层，是安全生产监管的最前沿。县级以下安全监管机构直接面对的是广大的生产经营单位，是安全生产监管大厦的基础，其监管水平如何和能力高低决定着安全监管基础是否牢固。基础不牢地动山摇。

当前，县级以下安全监管能力建设与前些年相比，虽然取得长足进步，但各地的情况不容乐观，尤其是安全监管人员来源途径多样，大多缺乏专业知识和实际操作实务培训，大量的工作都靠各自在实践中摸索，靠广大安监人在执法中总结，遇到难题也没有权威的指导和帮助，因此执法监管过程中很多问题困惑着、纠结着，同一法律的条款、统一文书的使用往往不同的地方有不同的标准。

同时，安全生产已成为社会管理的热点和难点，社会发展对安全监管的要求越来越高，国家关于安全生产的法律法规规章标准不断丰富完善，现代安全生产技术和安全管理理论不断更新，基层安全监管人员工作任务繁重，很少有时间也很少能有机会系统地学习这些法律法规规章标准和安全生产监管专业知识，这与当前的安全生产形势不符，在一定程度上影响在着安全生产监管的质量和效率。加强基层安全监管人员的培训势在必行。

值得高兴的是，国家安全监管总局已经出台安全监管能力建设的规划。实施规划需要建立健全基层人员安全培训机制，一是坚持“重心下移”，加大县级以下安全监管人员的培训力度。建设专门的培训基地，每年安排一定的基层人员集中轮训、交流，切实提高基层人员安全监管能力。二是坚持“关口前移”，加大县级以下一线执法监管人员的培训力度，突出法律法规规章的学习和执法监管实务的培训。三是坚持分级管理，建立国家、省、市三级培训体系，尤其是省级和市级培训要制度化、经常化。

（2012-07-26）

抓住安全管理人员，落实企业主体责任

落实企业安全生产主体责任首先要靠企业主要负责人、实际控制人。企业主要负责人、实际控制人是企业安全生产第一责任人，其履行情况直接决定着企业安全生产主体责任落实情况。

现在，不少企业的第一责任人对安全生产工作、对自己应该承担的“第一责任”认识不到位，甚至连安全生产法规定的六项职责都说不清道不明，何谈履行到位？安全生产法律法规对主要负责人未履行安全生产管理职责的处理，除去发生生产安全事故外，也仅仅表现为“责令限期改正，逾期未改正的责令生产经营单位停产停业整顿”。责令停产停业这种行政处罚，说起来属于“严重违法行为”的较重处罚，但由于缺乏操作性，安全生产监管执法人员一般很难操作，谨慎采用。因此，从监督监察的角度，对主要负责人履行法定职责不到位威慑力不强，效果不明显。再说，即使责令停产停业能实施，处罚的主体也是生产经营单位，虽然结果可能一样，但毕竟影响不同。市场经济是信誉经济，主要负责人、实际控制人更讲究“体面劳动”。

与主要负责人、实际控制人履行职责不到位，相对应的是生产经营单位的安全生产管理人员。我国现行的法律法规规定，生产经营单位必须配备专职或者兼职安全生产管理人员，对安全生产管理人员的要求也仅仅是“具备与本单位所从事的生产经营活动相应的安全生产知识和管理能力”。衡量是否“具备与本单位所从事的生产经营活动相应的安全生产知识和管理能力”，就是看是否取得“由有关主管部门对其安全生产知识和管理能力考核合格”的合格证书，其他履职条件没有硬性规定。所以，企业的安全生产管理人员门槛太低，谁都可以担任，不管其是否胜任，也不管其是否能够承担责任。

同时，国家现有的安全生产法对安全生产管理人员的职责缺乏明确规定，也没有对应的责任追究规定，造成企业，尤其是大量的中小企业的安全生产管理人员是谁干都行，干好干不好都无所谓的尴尬境地，直接影响企业安全生产主体责任的全面落实。企业的安全生产主体责任落实需要全体从业人员去实现，全体从业人员怎么实现，是否实现，关键靠企业的安全生产管理机构，靠企业的安全生产管理人员去教育培训、检查指导、协调服务，企业安全生产管理人员的素质和管理能力直接左右着企业安全生产责任制度、规章制度和操作规程的落实程度和实际效果。加强安全生产管理人员的管理已成为当前全面落实企业主体责任的重中之重。

加强企业安全生产管理人员的管理，首先需要完善法治，建立健全对企业主要负责人、实际控制人的法律责任追究力度，这点在2012年6月4日国务院法制办公室官方网发布的《中华人民共和国安全生产法（修正案）（征求意见稿）》里面有所体现；强化安全生产管理机构和安全生产管理人员职责，《安全生产法（修正案）》征求意见稿增加了相关的条款，应该说是一大进步，但缺少相应的罚则，因此落实起来会打折扣。其次，需要建立健全主要负责人、实际控制人和安全生产管理人员的安全培训制度，调整培训大纲，增强实际操作内容，强化日常培训、隐患排查治理、危险源辨识、应急处置等安全管理实务培训，提高安全生产管理人员的管理能力。第三，需要建立健全安全生产监管监察制度，突出主要负责人、实际控制人和安全生产管理人员履行职责情况专项监督监察，加大责任追究力度，督促其全面履行安全生产管理职责，切实将安全生产主体责任落实到位。

（2016-07-17）

不能将标准化建设游离于执法检查之外

深入开展企业安全生产标准化建设是当前和今后一个时期安全生产的一项基础性工作。在如何推动企业开展安全生产标准化建设的过程中，不少地方政府和部门一方面苦于没有抓手，另一方面又没有把标准化纳入执法监察的范围，将企业安全生产标准化建设游离于执法监察之外。这不能不说是执法监察的缺项，是对安全生产执法监察的误解，既缩小了执法权限的范围，又影响着企业标准化的进程。

第一，标准化建设是安全监管监察的法定内容。《安全生产法》第五十六条规定，安全监管部门行使职权，依法对企业执行有关安全生产的法律、法规和国家标准或者行业标准的情况进行监督检查。《企业安全生产标准化基本规范》（AQ/T9006—2010）是企业开展安全生产标准化建设的依据。安全生产标准化是落实企业安全主体责任的必要途径，是强化企业安全生产基础工作的长效制度。对企业的安全生产标准化建设情况，安全监管部门不仅要查，而且必须要查，必须将安全生产标准化建设纳入日常执法监察的计划，与安全行政许可、监管频次和行政处罚等挂钩，与日常监管工作有机结合起来，通过强化安全监管促进安全达标。

第二，对开展标准化建设达不到要求的企业，安全生产法赋予了安全监管部门行政处罚的权限。有些地方之所以没有将企业标准化纳入执法检查，是因为虽然国务院23号文第二部分第七个内容对企业不按规定实现安全达标有具体的规定，但没有法律依据，实践中具体执法不好操作。这里先讨论这种认识是否正确，但说没有法律依据却站不住脚。《安全生产法》第九十三条规定，生产经营单位不具备本法和其他有关法律、行政法规和国家标准或者行业标准规定的安全生产条件，经停产停业整顿仍不具备安全生产条件的，予以关闭；有关部门应当依法吊销有关证照。企业没有依据《企业安全生产标准化基本规范》（AQ/T9006—2010）开展标准化建设，不具备安全生产标准化建设的基本要求，安全监管执法部门必须依法进行行政处罚，强制企业进行安全达标，提升企业本质安全水平。

企业安全生产标准化建设从2004年国家的鼓励，到2010年国家的强制推行，不是企业可以自愿选择的问题，需要企业发挥主体作用，更需要政府全力推动。安全监管部门作为安全生产的综合监管部门必须发挥职能作用，加强法律约束，强化执法监察，督促企业安全达标。

（2012-07-28）

推行安全生产标准化不能照抄照搬

按照国家规定，规模以上企业2013年实现安全生产标准化达标。达到这一目标，时间紧，任务重。不少地方和企业为实现标准化建设达标，通过不同方式组织安全生产中介机构或者聘请安全标准化建设专家，根据标准化评定细则设计创建模板，下发企业，为企业标准化建设“减负”，为企业安全生产标准化建设提供服务，不同程度地加快了企业安全生产标准化建设步伐。但是，总起来看，标准化创建模板不利于安全生产标准化建设。

企业安全生产标准化建设，其目标在于建立自我检查、自我纠正、自我完善、持续改进的安全生产长效机制，必须经过学习培训、开展自查、完善制度、实施整改等过程，实现全员、全过程、全方位和全天候安全管理。不少企业采用创建模板，不是从学习企业安全生产标准化建设基本规范和评审细则入手，不经过现状调查摸底，不清楚自己的安全生产管理现状和安全生产标准化建设要求的距离，拿过模板就套用，一味对照模版照搬照抄，全然不顾自己的实际，因此从企业的体系文件内容到运行记录，表面上看很漂亮、很完整、很规范，但对照企业的基本情况、工艺流程、组织机构以及现场作业场所，大多文不对题、张冠李戴，让人啼笑皆非。这样的标准化，既浪费人力物力财力，又解决不了企业的任何安全生产问题，与标准化建设背道而驰。

出现上述现象，最关键的还是认识问题，有些企业和企业的主要负责人及有关人员把企业标准化建设与生产经营对立起来，认为标准化费时费力影响生产；既然上级非要搞，那就越快越好，有现成的模板找人填填就是了。与此相适应，有些中介服务机构和有些标准化建设人员不负责任，不深入企业开展培训、指导，帮助企业进行必要的工作，而是简单化、一刀切，采取售卖创建模板的做法从中牟利，助长了这些企业的不良导向。

在企业开展安全生产标准化建设中，创建模板不是不可以有，也不是不可以用。这里的关键是，这些模板必须结合自身实际，必须坚持“拿来主义”。不管创建模板多好、多适用，也是别人的。是一般的东西，也要经过吸收、消化，经过深入学习、对照实际反思，变成自己的，才能开花结果。借鉴模板不要紧，标准化建设的必要程序和工作不能丢，必须在企业全员参与、全过程自查、全方位实施和全天候管理的过程中，把模板的内容实现企业化本土化，切实做到从本企业出发而不是从模板出发，从学标对标建标开始，参考模板而不是照抄照搬，那么企业的标准化建设才可能符合要求，达到预期目的。当然，这首先需要企业和企业的主要负责人切实改变观念，提高认识。改进安全生产管理，实行现代安全管理，需要从转变安全观念开始。推行安全生产标准化，需要认识先行。

（2012-05-08）

“三坚持三突出”，提升标准化建设水平

安全生产标准化建设是企业落实安全主体责任的必要途径。开展安全生产标准化建设需要企业加强全员、全过程、全方位管理，强化安全教育培训，坚持隐患排查治理常态化，建立健全企业自我检查、自我纠正、自我完善的工作机制，并持续改进。

但由于企业对安全生产标准化建设认识有误区、投入有欠账、建设有漏项，安全生产标准化建设不同程度存在忽视自评注重验收、忽视全员动手注重安全科“单打独斗”、忽视制度落实注重资料准备等缺陷，一些企业的标准化建设在起步阶段就步入“走过场”、形式主义的误区。因此，解决这些问题，走出企业开展标准化建设的误区，必须建立健全安全生产标准化外部评审的中止程序。考核是指挥棒，考什么，企业就做什么。通过建立健全标准化建设考核机制，引导企业端正认识，全面开展标准化建设，切实提高安全生产本质化水平。

一是坚持评审前置，突出企业自评。坚持内外统一和突出重点的原则，突出企业的标准化建设主体责任。在标准化建设过程中，克服企业不注重自评或者企业自评不足，一味准备好自评报告就申请复评验收的问题，将标准化建设的企业自评环节前置，作为标准化评审的重点。在评审过程中，只要企业自评没有运行3~6个月，标准化建设的工作台账没有健全，安全生产标准化建设自我检查、自我纠正和自我完善的工作机制没有建立，或者运转不协调，隐患排查治理工作成效不明显，不予进行复评验收。

二是坚持过程管理，突出隐患整改。坚持动态管理和全员参与的原则，突出企业隐患排查治理。按照《工贸行业企业安全生产标准化建设实施指南》，企业开展标准化建设必须经过八个流程，即策划准备、教育培训、现状摸底、文件制订、实施运行、自评整改、提交申请、外部评审。在评审过程中，企业只要没有经过标准化建设的工作流程，没有实实在在进行安全生产标准化创建，或者缺少教育培训、自评整改等关键环节，企

业标准化建设隐患排查治理体系没有建立健全，全员全过程全方位安全管理不到位，不予复评验收。

三是坚持本质安全，突出现场管理。坚持预防为主和持续改进的原则，突出设施设备管理和生产作业现场监控。企业开展安全生产标准化建设过程中，存在比如安全设施“三同时”手续不具备，特种设备未经检测检验投入使用，主要负责人、安全生产管理人员和特种作业人员无证上岗等安全条件不具备，作业现场管理混乱，危险源未辨识或者应对措施缺少，职业危害控制措施缺乏针对性，安监部门检查的事故隐患到期未整改，发生生产安全事故等，不予复评验收。

当然，中止评审并不是终止标准化考评验收。安全生产标准化评审单位必须坚持咨询服务第一、安全生产第一的原则，以帮助企业隐患排查治理为核心，给企业一定的整改时限，待企业整改完毕符合规范要求后，向评审组织单位提交评审验收要求，评审单位根据整改情况适时安排考评。考评只是安全生产标准化建设的一个环节，一个外部认定单位检验企业安全生产标准化等级的程序，不是企业开展安全生产标准化建设的目标。

（2012-05-14）

贯彻落新安法安监部门必须定好位、履好职

全国人大常委会《安全生产法》修改决定（以下简称《安全生产法》修改决定）为全面推进安全生产工作法治体系和治理能力现代化奠定了坚实基础。安全生产监督管理部门和对有关行业、领域的安全生产工作实施监督管理的部门（以下简称负有安全生产监督管理职责的部门）贯彻落实《安全生产法》，增强依法治理能力和水平，必须进一步定好位、履好职，严格依法行政，切实做到"法无授权不可为""法定职权必须为"。

《安全生产法》修改决定第二十七条规定，安全生产监督管理部门和其他负有安全生产监督管理职责的部门依法"开展安全生产行政执法工作"，对生产经营单位执行有关安全生产的法律、法规和国家标准或者行业标准的情况进行监督检查。这为负有安全生产监督管理职责的部门明确了执法地位，安全生产监督管理部门和其他负有安全生产监督管理职责的部门必须定好位，摆正自身的"身份"，切实履行好行政执法机关的职责，依法开展好安全生产行政执法工作。

《安全生产法》修改决定第二十七条分四项，详细界定了负有安全生产监督管理职责的部门的行政执法职权，负有安全生产监督管理职责的部门必须依法行使行政执法职权，加强安全生产监督管理。

安全生产工作关键在排查治理隐患，防范和减少事故发生。《安全生产法》修改决定贯彻党的十八大和十八届三中全会精神，吸收和总结近年来全国隐患排查治理工作的有效做法和成功经验，把"建立隐患排查治理体系和安全预防控制体系"的有关内容纳入其中，新增第三十八条，明确了生产经营单位和负有安全生产监督管理职责的部门各自的隐患排查治理责任。负有安全生产监督管理职责的部门要处理好与生产经营单位的关系，明确监管职责，在重大事故隐患治理的督办上下功夫，把着力点放在督促生产经营单位消除重大事故隐患上，把工作做到位，防止主次不分，解决越位、错位的问题。

与督办生产经营单位消除重大事故隐患相关联，强化监督管理手

段，第二十七条第四项扩展了负有安全生产监管部门查封扣押的权限，第二十八条新增了停止供电、停止供应民用爆炸物品的强制措施，为采取这些措施设定了严格的条件、程序，负有安全生产监督管理职责的部门必须严格程序、谨慎行使。

为加大违法行为的查处力度，《安全生产法》修改决定建立了违法行为记录和向社会公告制度，负有安全生产监督管理职责的部门必须加快信息化建设，建立安全生产违法行为信息库，建立健全安全生产监管部门、行业主管部门、投资主管部门、证券监督管理机构以及有关金融机构违法信息共享机制，制定违法行为裁量标准，对违法行为情节严重的生产经营单位，及时向社会公告，接受社会监督。

《安全生产法》修改决定的一大特色就是加大了行政处罚的力度，不仅大幅度提高了罚款额度，而且大多数罚则不再将限期整改作为前置条件，这扩大了行政执法机关行政处罚的自由裁量权。安全生产行政执法机关必须加强对监管执法人员的业务培训，建立健全安全生产行政执法制度，制定行政处罚自由裁量标准，既要为罚款额度出台裁量尺度，又要为可罚不可罚确定裁判依据，规范行政处罚自由裁量权，保证行政执法依法、公平、公正、合理。

（2014-10-11）

从法律修正与修订的区别看新安法的宣贯

为全面、正确、深入学习和贯彻新《安全生产法》，又必须对法律修正与修订加以区别。

一、法律修正不同于修订

从法律修改的程度上看，法律修正是部分修改，总体框架、主要内容未变，修改的是部分条款的内容。而法律修订则是整体修改，从结构到主要内容进行全部修改，如同制定了一部新法律。

从公布的法律文本上看，立法机关对法律进行修正，由于审议的是只涉及条款修改内容的法律修正案草案，审议通过之后公布的往往是法律的修正案或者关于法律的修改决定，采用关于法律的修改决定，同时公布根据本修改决定作相应修改的法律全文。而立法机关对法律修订，由于审议的是法律修订草案的全部条款内容，审议通过之后公布的就是修订的整部法律的全文。

从公布实施的时间上看，作为法律修正，不管是法律修正案，还是关于法律的修改决定，公布的法律修正案或者关于法律的修改决定，其施行时间仅仅是本修正案或者本法律修改决定的开始实施时间，也就是生效日期仅仅是本修正案或者法律修改决定涉及条款的生效日期，其他没有修改的法律条款不适应本生效日期，其他未修改的条款的生效日期仍适用原法律规定。而法律修订则不然，整部修订的法律条文全部适用修订后审议通过公布法律的生效日期。

二、需要注意的问题

一是把全国人大常委会关于《安全生产法》修改决定（国家主席令第13号）与《安全生产法》全文结合起来全面学习，明确修改前后条文变化，借助《安全生产法》释义和《安全生产法》读本，把握修改的背景、内容和必要性，明确实施要求和执行措施。

二是明确法律条款的效力。严格对照《安全生产法》修改决定和《安全生产法》全文，明确修改条款和未修改条款，对于修改的条款，自2014

年12月1日起生效，对于以前的行为没有溯及力，对于未修改的条款，仍然是2002年11月1日起施行，不受2014年12月1日修改决定生效日期制约。有些新《安全生产法》的文本，第一百一十四条表述为“本法自2014年12月1日起施行”，这是不正确的，需要引起注意。

（2014-10-14）

安法修订，揭开安全生产依法治理的新篇章

全国人大常委会《安全生产法》修改决定（以下简称《决定》），第一条、第三条分别将“安全生产监督管理”和“安全生产管理”修改为安全生产工作，虽然是字词的细微变化，体现了党的十八大和十八届三中全会关于法治建设的新要求，即从加强社会管理走向社会治理，全面推进国家法治体系和治理能力现代化。

一是改变单一的目标，实现治理目的社会化。《决定》第一条将“促进经济发展”修改为“促进经济社会持续健康发展”，为了实现经济社会持续健康发展，《决定》在第八条的修改中强调：“国务院和县级以上地方各级人民政府应当根据国民经济和社会发展规划制定安全生产规划，并组织实施。安全生产规划应当与城乡规划相衔接。”

二是改变监管与被监管模式，实现治理主体多元化。《决定》第三条明确规定：“强化和落实生产经营单位的主体责任，建立生产经营单位负责、职工参与、政府监管、行业自律和社会监督的机制”，并且在其他修改的条文中，细化和突出了工会、政府、部门、协会、企业、保险等社会各方力量在安全生产工作中的职责。尤其是加强了乡、镇人民政府以及街道办事处、开发区管理机构等地方人民政府的派出机关的职责，明确了有关协会、注册安全工程师等安全生产中介机构和专业人员的地位，注重发挥他们在安全生产工作的作用，这为安全生产水平的提升提供了技术和管理服务支撑，注入了活力。

三是转变政府职能，做到责任明晰化。贯彻十八届三中全会精神，《决定》第二十四条改革高危行业生产经营单位主要负责人和安全生产管理人员管理方式，实行“先岗后证”；第二十九条将原先的安全条件论证和安全评价合二为一，改为“进行安全评价”，减少审批事项。落实“管行业必须管安全、管业务必须管安全、管生产经营必须管安全”（“三必须”）的要求，对各级政府及政府部门的安全是监督管理职责进行明确，界定行政处罚权限，实现了责权统一。《决定》突出了生产经营单位的主

体责任，在修改的52个内容中，涉及生产经营单位主体责任的30个。同时，《决定》强化了主体责任的落实，对生产经营单位的安全生产责任制专门予以明确；加强了安全生产管理机构和安全生产管理人员的设置，从基本法的层面为安全生产管理机构以及安全生产管理人员规定了职责，并为这些职责的履行设立了隐患排查治理制度、重大事故隐患报告制度等规定，为生产经营自主开展安全生产工作与监管部门进行管理搭建了平台。

四是转变运作方式，做到自治与管理的有机统一。《决定》在建立健全政府及其部门对生产经营监督管理制度、加大对安全生产违法行为查处力度的同时，进一步明确和强化了生产经营的内部监督，表现在：第一，生产经营单位的工会不仅要依法履行监督职责，还要依法组织职工开展民主管理和民主监督，维护职工在安全生产方面的合法权益；第二，生产经营单位还应当建立相应机制，加强对安全生产责任制落实情况的监督考核，保证安全生产责任制的落实；第三，增设了事故隐患排查治理制度，明确规定“事故隐患排查治理情况应当如实记录，并向从业人员通报”，接受从业人员监督；第四，强化了安全生产管理人员的安全检查职权，“安全生产管理人员在检查中发现重大事故隐患，依照前款规定向本单位有关负责人报告，有关负责人不及时处理的，安全生产管理人员可以向主管的负有安全生产监督管理职责的部门报告，接到报告的部门应当依法及时处理。”

除此之外，《决定》“建立安全生产违法行为信息库”“对违法行为情节严重的生产经营单位，应当向社会公告”以及“事故调查报告应当依法及时向社会公布”，通过建立黑名单、信息公开等制度，加大社会监督和惩戒力度。与安全生产公益宣传教育、第三方机构服务等其他方式协调互动，共同促进安全生产工作水平，达到经济社会持续健康发展。

（2014–10–16）

在建立安全生产工作机制的宣传落实上下功夫

全国人大常委会《安全生产法》修改决定指出，要“建立生产经营单位负责、职工参与、政府监管、行业自律和社会监督的机制”。贯彻新安法，要在强化“建立生产经营单位负责人、职工参与、政府监管、行业自律和社会监督的机制”上下功夫。

一是宣传主体要全覆盖。把新安法的宣传纳入党委宣传思想工作总体布局，统一部署，协调推进。广播、电视、报刊等各类新闻单位要通过设立专栏、在线访谈、公益广告等途径和形式广泛进行宣传。作为主体的生产经营单位，一线职工、政府、行业部门和安全生产中介机构，工会、妇联、共青团等社团组织以及社区、村居等基层组织要立足各自职责和工作特点，组织学习和宣传活动。把宣传渗透到社会的各个角落，延伸到生产经营的全部领域，让新安法的学习宣传和贯彻落实成为全社会的一件大事，在全社会营造学习新安法、关注新安全法的浓厚氛围。

二是责任落实要无缝隙。加强新安法宣传工作的组织领导，建立从党委政府到行业部门、社区村居、社会团体，从生产经营单位到车间、班组，从主要负责人到安全管理人员、从业人员，横向到边、纵向到底的宣传责任制度，明确各自职责、内容和措施。建立健全管理机构和专职人员设立、学习教育培训、巡回宣讲等制度，建立安全宣传工作部际定期交流机制，畅通党委政府、行业部门、生产经营单位、社会组织等全社会安全生产宣传协调沟通通道，搭建常态化的宣传平台，为新安法深入人心创新宣传形式，拓展宣传渠道。

三是宣传内容要接地气。宣传贯彻新安法，必须全面把握新安法修改的必要性、重要意义、修改的内容，掌握修改前后的变化以及新的要求，把新安法的规定与政府、行业部门、社会组织的具体职能结合起来，与当前正在开展的“六打六治”[①]打非治违等专项整治结合起来，与生产经营单位

① 2014年8月12日，国务院安委会办公室举行“六打六治”打非治违专项行动视频会议，决定在全国集中开展以“六打六治”为重点的“打非治违”专项行动。

的安全生产状况、与一线职工的实际问题结合起来，才能“对症下药”，把生产经营单位的主体责任讲明白，把安全生产的基本要求讲清楚，把安全生产工作的措施讲实在，把以人为本、安全发展的理念传输给职工，构筑“安全生产、人人有责”的工作体系，才能真正实现群防群治的新局面，实现经济社会持续健康发展。

（2014-10-20）

“六打六治”专项行动是指：

打击矿山企业无证开采、超越批准的矿区范围采矿行为，整治图纸造假、图实不符问题；

打击破坏损害油气管道行为，整治管道周边乱建乱挖乱钻问题；

打击危化品非法运输行为，整治无证经营、充装、运输，非法改装、认证，违法挂靠、外包，违规装载等问题；

打击无资质施工行为，整治层层转包、违法分包问题；

打击客车客船非法营运行为，整治无证经营、超范围经营、挂靠经营及超速、超员、疲劳驾驶和长途客车夜间违规行驶等问题；

打击“三合一”“多合一”场所违法生产经营行为，整治违规住人、消防设施缺失损坏、安全出口疏散通道堵塞封闭等问题

把落脚点放在提高安全意识和规范行为上

眼下，以“强化红线意识，促进安全发展”为主题[①]的“安全生产月”活动在各地如火如荼地进行着。与往年不同的是，今年不少地方把“安全生产月”活动与群众路线教育实践活动紧密结合，围绕“安全生产月”活动总体安排，想了不少点子，用了不少法子，也初步取得了一定的成效。但在具体工作中，有以下问题和倾向需要引起注意，并采取措施加以克服和解决。

一是表面文章。表现在一些地方和单位单纯为活动而活动，为任务而布置，大呼隆、走过场，贪多求大，对活动的针对性和实效性不闻不问，有的仅仅停留在布置布置会场，甚至安排一下录录像上上电视就算完事大吉。这样的“安全生产月”活动，直接与“安全生产月”设置的初衷相背离，目的不清、出发点不明。

二是上热下冷。表现在各级党委政府层层开会进行部署安排，视频会、动员会、启动仪式热火朝天轰轰烈烈，关于“安全生产月”活动的方案、通知应接不暇。对“安全生产月”活动，在政府层面说人人皆知一点也不为过，但到企业、生产经营场所，到车间、班组，最后到生产岗位上的从业人员那里，却往往冷冷清清，“安全生产月”宣传的效果和痕迹在基层大打折扣。

三是无的放矢。虽说每年“安全生产月”活动的主题很鲜明，但在“安全生产月”活动中，常常会出现这样一种现象，虽然层层强调活动要突出个性特色，但不管是政府还是企业，“安全生产月”活动的实施方案却基本相同类似，照搬照抄。尤其是企业，各个企业安全生产状况各异，职工安全需求不同，一味采取以政府为主导的“安全生产月”活动，对企业安全意识的提高有多大针对性和实效性不得而知。

四是主次不分。与上述三个问题一脉相承，“安全生产月”活动在不

① 2014 年 6 月全国第十三个“安全生产月”主题。

少的地方和单位，大部分是政府、监管部门在动，是有关单位在行动。即使在企业，在一些生产经营场所，参与“安全生产月”活动的也大多是管理人员、宣传人员，大量的一线职工，广大的从业人员相对较少，基本上都成了观众，而不是主角。

诚然，“安全生产月”活动需要全社会共同参与，需要各个层面齐抓共管，但不管活动的形式怎么多样、内容怎么丰富、范围怎么广大，其主体永远是全社会的劳动者、生产经营单位的从业人员，目的一定是提高全民安全意识，营造安全稳定的社会环境。

因此，开展“安全生产月”活动，既要坚持一般原则，更要加强个别指导，制订方案和开展活动必须从当地当时的安全生产状况出发，深刻把握影响安全生产的主要矛盾和问题，以问题为导向，全面了解群众对安全生产上的所需所求，采取针对性的措施，解决实际问题，以此为契机，强化宣教，使“安全生产月”活动成为日常生产安全的重要组成部分，月月讲安全、天天讲安全、时时讲安全，让安全生产观念深入人心，人人排查隐患、人人监督安全，让不安全不生产成为每一位公民的自觉行动，这样，“安全生产月”活动才能达到目的。

（2014-06-18）

新安法为安全责任落实到位提供坚实保障

安全生产工作核心在落实责任。新安法贯彻“管行业必须管安全、管业务必须管安全、管生产经营必须管安全”和“党政同责、一岗双责、齐抓共管”的要求，细化和强化了安全生产责任体系，为全面落实责任提供了强有力的治理措施。

确立了责任落实的方针和原则。全国人大常务委员会《安全生产法》修改决定（以下简称《决定》）明确规定了安全生产工作方针和责任体系，“安全生产工作应当以人为本，坚持安全发展，坚持安全第一、预防为主、综合治理的方针，强化和落实生产经营单位的主体责任，建立生产经营单位负责、职工参与、政府监管、行业自律和社会监督的机制”。

细化完善了责任落实的具体内容。《决定》从第二条到第三十四条分别对生产经营单位、工会、政府、部门、行业协会以及社会组织详细规定了各自应当承担的安全生产职责，进一步明确了安全生产责任。《决定》细化和完善的主要内容有以下几个方面。

从生产经营单位层面看，突出的表现在三个方面：一是主要负责人的法定职责增加组织制定并实施安全生产教育培训计划一项；二是专门为安全生产管理机构以及安全生产管理人员履行职责增设了两条，明确了生产经营单位的安全生产管理机构以及安全生产管理人员的职责，以及履行职责的条件和要求；三是对生产经营单位隐患排查治理做出明确规定，生产经营单位应当建立健全生产安全事故隐患排查治理制度，及时发现并消除事故隐患，并向从业人员通报。

从政府层面看，主要表现在四个方面：一是根据国民经济和社会发展规划制定安全生产规划，并组织实施；二是建立健全安全生产工作协调机制，及时协调、解决安全生产监督管理中存在的重大问题；三是明确了乡、镇以及街道办事处、开发区管理机构等派出机关的安全生产监督管理职责；四是加强生产安全事故应急能力建设，在重点行业、领域建立应急救援基地和应急救援队伍，提高应急救援专业化水平。

从政府部门层面看，突出表现在两个制度上，即建立健全重大事故隐患治理督办制度，督促生产经营单位消除重大事故隐患；以及采取通知有关单位停止供电、停止供应民用爆炸物品等措施，强制生产经营单位履行停产停业、停止施工、停止使用相关设施或者设备的决定。

从行业协会层面看，《决定》新增第十二条，明确规定了行业协会的安全生产职责，即“有关协会组织依照法律、行政法规和章程，为生产经营单位提供安全生产方面的信息、培训等服务，发挥自律作用，促进生产经营单位加强安全生产管理”。

对于安全生产中介机构，则适应市场经济新形势，将其职能扩展为为生产经营单位提供技术和管理服务，但同时强调，保证安全生产的责任仍由生产经营单位负责。

强化了责任落实的保障措施。除了前述提到的政府部门建立生产经营单位重大事故隐患治理督办制度、赋予强制停止供电等措施外，《决定》为落实责任增加了治理措施。一是扩大了查封、扣押的范围。负有安全监管职责的部门不仅可以查封不符合国家标准或者行业标准的设施、设备、器材，还可以查封违法生产、储存、使用、经营、运输的危险物品，还可以对违法生产、储存、使用、经营危险物品的作业场所予以查封。二是建立黑名单制度。建立安全生产违法行为信息库，对违法行为情节严重的生产经营单位，向社会公告，并同步行业主管部门、投资主管部门、国土资源主管部门、证券监督管理机构以及有关金融机构。通过建立部门联动响应机制，实现信息共享，达到“一处违法，处处受限”。三是加大违法成本。《决定》加大了隐患排查和事故查处的力度，特别是对违法的处理，提高了处罚的标准，加大了违法的成本，让违法者和生产经营单位的肇事者付出更大的代价，给予更大的震动和教育。

（2014-10-21）

牢牢抓住新安法宣传的重点

全国人大常委会对《安全生产法》修改的决定共52条，主要内容涉及生产经营单位的有31条，其中新增的16条中，涉及生产经营单位的有11条。

强化和落实生产经营单位的主体责任是《安全生产法》修改的主要环节、重点内容。宣传好、落实好生产经营单位主体责任是新安法宣传和落实的关键所在，宣传和贯彻落实新安法务必把生产经营单位作为宣传的重点，牢牢抓住生产经营单位不放松。

组建一支宣讲队伍。组成新安法宣讲团，尤其要吸收生产经营单位中业务能力强、管理经验丰富的安全生产管理人员参加宣讲，充分发挥他们熟悉生产经营单位安全生产工作的优势，让他们根据不同行业（领域）安全工作特点制定不同的宣传方案，深入生产经营单位车间和岗位，深入到一线从业人员中间，分门别类进行宣讲，切实增强宣讲的针对性和实效性。

抓住两个关键人物。生产经营单位的主要负责人和安全生产管理人员是新安法学习宣传和贯彻落实的关键人物。要采取举办宣贯会、培训班、座谈会等多种形式，让生产经营单位的主要负责人、安全生产管理人员在全面把握新安法的基础上，牢牢把握必须履行的“双七项”职责，明确违反规定必须承担的严厉的法律责任，使贯彻落实新安法成为企业主要负责人和安全生产管理人员的自觉行动，并督促从业人员正确行使安全生产权利、自觉履行安全生产义务。

搞活“三级”安全教育。把新安法的学习培训作为生产经营单位安全教育培训的重要内容，纳入“三级”安全教育培训，把新安法的学习宣传责任细化分解到厂、车间、班组，落实到工会、安全生产管理机构以及各职能部门，根据不同层次、不同岗位实际突出各自的重点内容，开展形式多样的培训活动，把新安法内化于心，外化为生产经营单位的规章制度，建立健全安全生产工作的长效机制。

（2014-09-22）

强化安全生产行政执法迫切需要顶层设计

全国人大常委会《安全生产法》修改决定进一步明确了安全生产监督部门的行政执法职责，增加了强制措施，加大了处罚的力度，增强了执法权威。贯彻实施《安全生产法》修改决定，切实依法开展执法工作，全面推进安全生产领域国家治理体系和治理能力现代化，迫切需要加强顶层设计。

当前，各地正在按照政府职能转变的新要求，简政放权，建立权力清单、负面清单，但从目前情况看，一些安全监管部门梳理公布的许可、处罚、强制措施等行政权力的类别、内容不尽相同，甚至有些相同地区的监管部门的权力清单差别悬殊。尤其是，在一些最基层的县市级监管部门，由于受专业人员和现实条件的制约，很少有专门的法制机构或者人员扑下身子潜心开展这项工作，对安全生产法律法规涉及的安全生产监管权限、措施把握不全面。同样是基层安全生产行政执法，执法的对象、依据、流程，执法监察的内容、文书的使用、行政处罚的自由裁量以及行政执法案卷的归档整理等都各式各样。

适应这种实际情况，根据《安全生产法》修改决定对安全监管部门行政执法提出的新的更高要求，加强安全生产行政执法的顶层设计，从上到下进一步明确执法的权限、手段、程序以及相应的组织机构、规章制度，把多年来各地在监管执法过程中探索形成的好经验、取得的共识用制度固化下来，建立执法业务协调指导机构，及时解决基层在执法过程中存在的难点和困惑。

一是建立安全监管权力清单，为基层提供指导目录。安全生产法律法规规章涉及的安全监管职责多，需要国家、省市安监部门发挥专业人员优势，梳理制定安全生产监管职权目录，明确监管权力名称、法定依据、具体内容、违法行为、处罚规定以及执法要点，厘清安全生产监管权力边界，解决安全监管部门和其他行业领域监管部门的职责模糊、相互推诿问题，为依法履行监管职责打下基础。

二是制定安全监管执法规范，为基层编制执法纲要。根据新《安全生产法》，健全完善包括查封扣押、停电、停供民用爆炸物品强制措施在内的各类执法文书，制定重大事故隐患等识别标准，细化行政处罚自由裁量标准。出台分级分类监管意见、执法监察计划编制办法、执法文书使用规定以及安全生产执法监察实务等安全生产行政执法规范，为基层统一规范执法提供正确的指导。

三是建立执法业务实训制度。建立规范化、经常化的培训制度，使安全生产行政执法的培训常态化，克服基层执法人员培训上的形式主义。加强执法人员执法实务培训，尤其是强化基层执法人员的培训力度，把培训的重点放在最基层的一线执法人员，突出执法监察实战技术的培训，防止以理论对理论、从课堂到课堂，而不是直接到企业现场执法示范的空洞说教。

四是充实基层执法力量，健全执法业务和法制机构。联合有关部门出台乡镇、开发区、县市安全生产执法人员配备规定，为基层开展安全监管执法打牢基础，建立与当地经济社会发展相适应的安全监管队伍。在安全监管部门内部，从国家到省市建立执法监察业务指导机构和法制工作机构，建立沟通交流制度，加强上下沟通协调，及时了解工作进展情况，解决问题，推动工作。

（2014-09-27）

“打非治违”必须常态化

近日，国务院召开全国电视电话会议，部署在全国范围内集中开展安全生产领域“打非治违”专项行动。严厉打击各类非法违法生产经营建设行为，坚决治理纠正违规违章行为，成为当前和今后安全生产工作的重中之重。在开展打非治违专项行动中，需要提醒和注意的是打非治违必须形成制度化、常态化，必须坚持标本兼治，加强源头整治，不能局限在一般号召，更不能作为阶段性任务搞突击。

一是进一步明确安全责任。《安全生产法》第五十四条明确规定，未依法取得批准或者验收合格的单位擅自从事有关活动的，负责行政审批的部门发现或者街道举报后应当立即予以取缔，并依法予以处理。对已经依法取得批准的单位，负责行政审批的部门发现其不再具备安全生产条件的，应当撤销原批准。相关部门要按照权责一致和谁主管谁负责、谁审批谁负责的原则，进一步明确各自的监管职责，细化工作分工，健全相关制度，将打非治违列入重点监管范围，持之以恒，形成常态化打非治违工作机制。

二是进一步健全组织机构。政府尤其是县乡一级政府要进一步落实打非治违工作责任，建立健全由相关部门组织的打非治违协调工作机构，成立领导小组，组建专门的协调办公室，建立健全打非治违协调工作制度，定期举行协调会议，通报工作进度，研究出现的问题，出台推进措施，加大打非治违工作力度，确保打非治违工作取得成效。

三是进一步完善联合执法机制。非法违规行为是造成当前生产安全事故多发频发、制约安全生产状况持续稳定好转的突出原因。各相关部门既要加强各自领域的日常执法、重点执法和跟踪执法，更要在打非治违协调机构的统一领导下，强化部门及与司法机关的联合执法，整合执法资源，加大执法措施，采取联合行动，依法严厉打击各类非法违法生产经营建设行为，切实落实停产整顿、关闭取缔、严格问责的惩治措施，确保安全生产形势稳定好转。

（2012-04-22）

治理隐患从改造思想开始

意识形成思想，思想支配行动，行动决定成效。隐患排查治理需要全体从业人员动起来，更需要全体从业人员从意识深处，从思想上切实重视起来。从头脑中摆正治理隐患的位置，改造那些形成行为不安全和造成管理缺陷的思想，方能彻底治理隐患。

思想是行动的先导。主要负责人和安全生产管理人员的思想意识决定着全单位安全生产意识的高低。可以说主要负责人和安全生产管理人员思想上高度重视安全生产，整个单位的安全生产意识、安全生产投入、安全设备的装备水平、安全生产管理水平和安全生产素质必定处于安全生产的先进行列。反之，主要负责人和安全生产管理人员思想上不重视安全生产，即使安全生产投入、安全设备的装备水平高，这个企业的安全管理水平和安全生产素质不可能有整体的提升。

榜样的力量是无穷的。主要负责人和安全生产管理人员的思想意识提高了，行为安全了，安全管理无缺陷，全体从业人员就会自觉不自觉地受其影响，就会按单位的规定和主要负责人及安全生产管理人员的要求，遵守劳动纪律和操作规程，将单位的规章与自己的工作结合起来，不仅会做到“三不伤害”，更会实现人机物的三大安全。

同样，安全监管人员的思想意识左右着安全监管水平和安全生产指标的实现。认识是实践的指导。只有安全监管人员从思想意识上认识到了，他才可能在日常的监管实践中落实到具体的监察指令中，落实到对监管对象的具体要求中，也才可能从被监管单位的具体实际中查出事故隐患，督促被监管单位整改隐患。

基于此，改造全体从业人员，特别是主要负责人和安全生产管理人员安全监管人员的思想，提高他们的安全生产意识，提升他们的安全文化素质乃是治理隐患的根本。采取多形式加强安全教育培训，利用多渠道强化安全知识宣传，抓住多载体加强安全文化建设，将安全文化渗透到社会生活的方方面面，将安全常识送入千家万户，将安全知识输进每一个从业人员的心中。营造全社会各领域各环节各时段都讲安全的氛围，形成全社会各行业各岗位各类人员都抓安全的环境，养成人人自觉排查治理隐患的良好习惯，那么，安全生产的长效机制就会建立，安全生产持续发展的目标就会实现。

（中国安全生产网2008-07-04）

隐患排查治理需要全员参与

到企业检查百日安全生产专项整治情况，安全管理人员忙得不可开交，又是准备台账，又是制作安全警示标志，用他的话说：“这一个多月太累了，整天加班，几乎没睡一个好觉。”而其他的科室和人员却闲得无事可做，这更让安全管理人员牢骚满腹。

再到车间抽查基层从业人员，他们虽说知道隐患治理年和百日安全专项整治的一些基本常识，但对于企业的安全生产培训计划、百日安全专项整治的实施方案、岗位操作规程和安全生产责任制的细节却知之甚少。安全生产专项整治、事故隐患排查治理到底靠谁，仅仅依靠企业的安全管理人员吗？仅仅依靠书面文章吗？答案不言而喻。安全生产专项整治、事故隐患排查治理关键在企业的全体从业人员，在于从业人员的全员参与。

企业的从业人员是生产经营活动的具体承担者。从业人员素质的高低、工作的安全水平直接影响到本单位的安全生产。要搞好企业的安全生产专项整治、事故隐患排查治理，除主要负责人重视，增加投入外，最重要的一点就是全体从业人员提高素质，全员参与，这是关键所在。

人是决定一切的因素。作为事故隐患的三种表现形式：物的危险状态、人的不安全行为和管理上的缺陷，人的不安全行为乃是隐患之源。物的危险状态和管理上的缺陷都是人的不安全行为造成的，或者说，如果人的行为安全了，物的危险状态和管理上的缺陷都有可能解决。因此，排查治理事故隐患必须想方设法调动全体从业人员的主体意识和参与能力，让他们从心里想着，从手中动着，从口中念着，时时处处想安全，做安全，查安全，促安全，把安全切实当成自己的事，不仅做到“三不伤害”，更做到“三要安全”（我要安全、你要安全、大家都要安全），那么事故隐患排查治理工作必定到达一个新的层次和水平。

企业的主要负责人和安全管理人员的管理工作，不仅要做书面文章，更要做实践文章，要走到从业人员中间，坚持从群众中来到群众中去的路线，与从业人员一起，学习、调研、起草和实践本单位的规章制度和本岗位的操作规程，善于把书面的东西化为从业人员自己的自觉行动。监管检查人员不仅要监察企业的书面材料，更要深入车间，到一线的从业人员中，摸清从业人员的真实情况，毕竟安全生产工作在生产中，不在书面上。

（2008–06–27）

隐患排查治理关键是“以人为本”

《安全生产事故隐患排查治理暂行规定》（国家安全生产监督管理局16号令）指出，安全生产事故隐患是生产经营单位违反安全生产法律、法规、规章、标准、规程和安全生产管理制度的规定，或者因其他因素在生产经营活动中存在可能导致事故发生的物的危险状态、人的不安全行为和管理上的缺陷。物的危险状态、管理上的缺陷都是人的行为结果，主要是生产经营单位的主要负责人和安全管理人员造成的。因此，排查治理事故隐患，关键在人，关键在于每一个与之相关的人从我做起，从点滴做起。

生产经营单位是安全生产的主体。生产经营单位的主要负责人是安全生产的第一责任人，对安全生产工作全面负责。《安全生产法》第十七条明确规定了生产经营单位的主要负责人的六项主要职责。应该说，做好这六项工作，生产经营单位的安全基础基本能有所保障。但时下的情况是这些主要负责人必须履行的职责和生产经营单位的基础工作，却大打折扣。很多生产经营单位的主要负责人借口事务繁忙，把自己应该做的工作交由其他人去做，其他人由于地位和权限、资金的制约，有心无力，很难做到位。这就从根本上造成了生产经营单位的管理上的缺陷。这是一切事故隐患的源泉。

排查治理事故隐患，首先应抓住生产经营单位的主要负责人，不仅从意识上法律上经济上，更要从行政上采取措施，如同安全发展指标纳入政府政绩考核一样，将生产经营单位的安全发展状况纳入年终考核，让生产经营单位的主要负责人切实做到安全第一。

生产经营单位的安全管理人员是一个关键人物。生产经营单位的大量安全工作，主要由他们来完成。可以说，安全管理人员的素质和水平直接决定着这个生产经营单位的安全生产管理水平。因此，提高安全管理人员的素质和水平，查找安全管理人员的管理缺陷，关系着生产经营单位隐患排查治理的成功与否。生产经营单位的安全管理人员压力大、负担重，大部分还是兼职，缺乏系统的安全管理知识，又大都没有相应权限，工作难度大。要改变这种境况，仅仅靠严格落实教育培训使之具备相应的知识和能力是远远不够的，可以根据不同的行业特点，借鉴高危行业的做法，强制性地推行注册安全工程师制度，同时切实将这一制度贯彻下去，解决国家安监局《注册安全工程师管理规定》与《安全生产法》安全管理人员配备方面的衔接难题。

安监部门是安全生产的监管主体。安监人员的执法行为不仅督促生产经营单位消除隐患，制止、惩戒安全生产违法行为，而且可以通过具体的执法检查，通过个人的言传身教，帮助从业人员改变不良行为，带动他们形成照章办事的习惯。但是在日常的监督检查中，时常发现有很多执法监察人员，自身不注意自己的形象，安全监察人员不安全的情形给被检查的从业人员造成反面的影响，大大降低了执法监察的作用。比如到了禁止烟火的区域自己还吸着烟，到了加油站不自觉地打手机，到建筑施工场所，忘记戴安全帽，到了危险化学品加工车间，不穿防护服，不戴防毒面具等这些不良习惯，不仅给生产经营单位带去了事故隐患，而且造成了恶劣的影响，并且这种影响比查处的事故隐患和违法行为还要严重。当然，这种现象的出现，可能原因多样，但作为监管人员无论如何首先应该时时处处遵守我们的职业道德。

人的因素是第一位的因素。安全文化、安全意识支配我们的行动。安全法制规范我们的作为，安全科技提高我们的水平，安全投入左右我们的空间。事故隐患排查治理需要我们以人为本，从现在做起，从我做起。

（中国安全生产网2008-06-04）

建隐患排查治理体系，分清责任是关键

继国务院安全生产委员会办公室2012年1月5日下发《关于建立安全隐患排查治理体系的通知》（安委办〔2012〕1号）之后，2012年7月13日国务院安全生产委员会办公室又下发《关于印发工贸行业企业安全生产标准化建设和安全生产事故隐患排查治理体系建设实施指南的通知》（安委办〔2012〕28号），建立安全隐患排查治理体系已成为当前和今后安全生产工作的一项基础性工程。

值得注意的是，一些地方在开展“两项建设”工作，尤其是建立安全隐患排查治理体系工作中，存在一些误区，主要表现在对安全隐患排查治理体系建设认识不正确，针对目前安全生产监管普遍存在的硬件薄弱的问题，以为增加安全投入、建立起安全隐患信息系统就构建起了安全生产的长效机制。

安全隐患排查治理体系，是以企业分级分类管理系统为基础，以企业安全隐患自查自报系统为核心，以完善安全监管责任机制和考核机制为抓手，以制定安全标准体系为支撑，以广泛开展安全教育培训为保障的一项系统工程，包涵了完善的隐患排查治理信息系统、明确细化的责任机制、科学严谨的查报标准及重过程、可量化的绩效考核机制等内容。

建立安全隐患排查治理体系，需要建立安全隐患信息管理系统，这是不可缺少的物质基础。但更为重要的，也是最基本的前提条件却是正确认识企业与政府在安全隐患排查治理中的角色定位、科学分清企业与政府的责任。毕竟安全隐患排查治理体系建立的理论基础是《安全生产事故隐患排查治理暂行规定》（国家安全监管总局第16号令）。建立安全隐患排查治理体系，只有强化和落实企业的安全生产主体责任和政府的监管责任，才能确实实现“三个转变”，即企业由被动接受安全监管向主动开展安全管理转变，由政府为主的行政执法排查隐患向企业为主的日常管理排查隐患转变，从治标的隐患排查向治本的隐患排查转变，从而实现安全隐患排查治理的常态化、规范化、法制化，也才能建立健全安全生产长效机制。

建立安全隐患排查治理体系，一要分清企业和政府的责任。企业是安全生产责任主体，企业通过安全隐患自查自报系统，自查自纠安全隐患，对自查隐患、上报隐患、整改隐患、接受监督指导等工作进行管理。政府履行监督管理责任，对企业自查自报的隐患数据、日常执法监察的数据和监管措施执行是否到位等情况进行统计分析，对重大隐患治理实行有效监管。二要分清综合监管和有关部门、属地政府的关系。安全监管部门依法行使综合监管职责，组织、协调、监督、考核行业领域主管部门和属地政府的安全生产工作；行业主管部门履行监督、指导、协调和服务职能，负有安全生产监督管理职责的行业主管部门依法承担安全监督管理职责，其他行业领域主管部门承担该行业领域安全生产工作的日常指导和管理职责；消防、质监等专项监管部门及时处理属地和主管部门移送的安全隐患监管职责。各部门各司其职、各负其责。三要完善安全生产责任落实考核机制，将安全隐患排查治理过程管理纳入年度考核目标，严格绩效考核和责任追究，对责任不落实、考核不达标的，严肃处理，对工作成绩突出的，公开表彰和奖励。

（2012-08-17）

隐患排查治理必须全社会齐抓共管

国务院安委会办公室2月2日公布全国安全生产隐患排查治理情况时披露，一些地方不能正确处理发展经济、提高效益与安全生产的关系，重效益、轻安全的错误倾向依然存在，隐患排查治理工作还停留在临时阶段，存在搞形式、走过场的现象，隐患排查不彻底，整改措施不到位，导致较大、重大事故仍时有发生。

要解决上述问题，一要各级政府安委会办公室继续加大督查检查力度，向事故多发、问题突出的地区和企业下发安全隐患整改通知函和警示通报，责令相关地区和企业采取切实措施限期整改，提高隐患整改率，确保隐患整改到位，确保不发生事故。

二要政府各级全面落实安全监管责任，切实贯彻执行安全生产方针政策和法律法规，健全安全监管监察机构，加大执法监管力量，强化安全监管的技术装备和手段，建立健全安全监管相关部门及与司法机关的联合执法机制，严格安全生产执法，严厉打击非法违法行为，综合运用法律、行政和经济手段，有效指导、督促企业按期合格地完成隐患整改，确保执法成效。

三要企业认真落实安全生产主体责任，建立健全企业自我检查、自我纠正和自我完善的持续改进机制，主动开展隐患排查治理。企业主要负责人要切实承担安全生产第一责任人的重任，强化企业技术负责人和安全生产管理人员的管理权，加强安全管理和风险控制，强化安全投入，加强安全培训，增强企业安全生产法制观念和自律意识，坚持动态化全程监控和检查制度，依法保障职工生命安全和健康权益。

四要加强安全文化建设，需要电视、互联网、报纸、广播等新闻媒体采取各种形式普及安全知识，增强全社会科学发展、安全发展的思想意识，牢固确立安全发展理念，提高全社会排查治理隐患、预防事故发生的重要性的认识；落实隐患举报奖励制度，积极发挥社会监督、舆论监督和群众监督的作用，动员和调动群众开展安全生产监督和隐患排查，推进群防群治；需要企业广大从业人员正确行使自身的安全生产权利，认真履行肩负的安全生产义务，遵章守纪，服从管理，拒绝违章指挥，克服违章作业，做到不伤害自己、不伤害别人和不被别人伤害。

因此，全面建立隐患排查治理长效机制，需要进一步健全完善“政府统一领导、部门依法监管、企业全面负责、群众参与监督、全社会广泛支持”的安全生产工作格局，形成全社会各方面齐抓共管的合力。

（2014–09–22）

从食品质量安全监管中学什么

近期发生的“三鹿问题奶粉”事件，不仅引起食品安全领域的一场地震，更引起了人们对食品质量安全监管乃至对政府监管机制的高度关注。质量与安全啥关系，食品质量安全监管教给我们些什么?这个问题我们不能不深刻反思。

一、质量和安全密切相关，质量安全是企业的生命

企业要盈利，要提高经济效益离不开提高质量。质量不高或者质量不达标，企业别说发展连生产都难以维持。这是价值规律的客观要求，市场经济规律的必然结果。

质量是什么？质量是满足人们需要的产品有用性。这个有用性其中第一个要求就是无伤害即安全。人们购买的物品，如果连自己的人身安全都保障不了，消费者又怎能去发挥物品的作用呢？“产品质量是指国家的有关法规、质量标准以及合同规定的对产品适用、安全和其他特性的要求”。

我们从上述含义很明确地看出，安全是质量的一个重要内容。通过《农产品质量安全法》对农产品质量安全的定义，可以更明确地看出质量与安全的关系。《农产品质量安全法》指出：“本法所称农产品质量安全，是指农产品质量符合保障人的健康、安全的要求。”同样，《产品质量法》第十三条规定：“可能危及人体健康和人身、财产安全的工业产品，必须符合保障人体健康和人身、财产安全的国家标准、行业标准；未制定国家标准、行业标准的，必须符合保障人体健康和人身、财产安全的要求。禁止生产、销售不符合保障人体健康和人身、财产安全的工业产品。”与之相对应，《消费者权益保护法》消费者的“六大权利”中首要的权利就是安全权。该法第二章第七条规定：“消费者在购买、使用商品和接受服务时享有人身、财产安全不受损害的权利。消费者有权要求经营者提供的商品和服务，符合保障人身、财产安全的要求。”由此可见，质量与安全相互渗透，密不可分。

不仅如此，从《产品质量法》的规定和《食品安全管理体系要求》

看，质量管理工作和安全监管工作在生产环境、生产设备、制造工艺、产品标准、过程监控、规章制度等方面都有很多一致之处。质量工作和安全工作关系密切，二者完全可以相互借鉴。

二、借鉴经验，强化监管，推动安全质量标准化建设

尽管“三鹿问题奶粉”“毒大米”等事件暴露了食品安全监管的许多问题，但食品安全监管的成就不能埋没，食品质量安全监管的许多做法，比如从源头抓质量，建立并严格实施食品生产许可制度、强制检验制度和市场准入标志制度等质量安全市场准入制度，重视食品质量安全诚信体系建设，采取政策、行政、经济的手段全面发挥食品安全诚信体系对食品安全工作的规范、引导、督促功能，全面加强食品安全立法和标准体系建设，建立食品安全监管责任区，建立并实施了食品安全区域监管责任制等，都对改善食品安全状况发挥了积极作用。

这些成熟的安全监管体制机制值得我们借鉴。至于“三鹿问题奶粉”事件所显现出来的新问题，通过建立新的有效的监管机制加以解决。

加强安全监管，深入开展安全质量标准化创建活动必须吸收食品质量安全监管的好做法，克服当前存在的突出问题，健全制度，强化监管，提升水平。

从源头上抓安全质量标准化工作，将安全质量标准化作为一项制度，把是否通过安全质量标准化作为安全生产许可证发放的条件纳入安全审查的内容，严格把关。凡是未通过安全质量标准化的企业一律不予审发许可。推行这项制度初期，制定并完善许可证审查、延续的优惠政策，从政策、行政、经济等方面加以倾斜，鼓励和引导企业自觉申报。

推行安全生产诚信体系建设，建立安全生产诚信档案。建立安全生产红黑榜制度，定期公布安全生产“黑名单”企业，发挥安全生产诚信档案的作用，将安全生产诚信与产品信誉、银行信誉等信用体系连起网来，最大范围发挥安全生产“一票否决”作用。

加强安全生产标准体系建设，加快各个领域安全生产标准制定工作，加大标准的宣传、推行力度，促进企业严格执行安全生产标准。

积极引导企业参与创建安全标准化示范企业活动，为参与创建的企业提供指导和服务。建立并实施以“三员四定、三进四图、两书一报告”为主要内容的安全区域监管责任制。“三员四定”即按照定人、定责、定区域、定企业的方式，确定安监部门安全监管员到乡镇（办事处）负责企业的具体监管工作，乡镇政府协管员协助开展安全监管工作，社会信息员收集提供各种安全生产违法信息。“三进四图”即进乡镇（办事处）、进企业、进村，调查摸底，建立企业安全生产档案，制定企业变化动态图、行业分布图、监管责任落实图、隐患整改进度图，实施动态监管。“两书一报告”即政府签订责任书，企业签订承诺书，监管单位定期写出安全生产履职报告。

（2011-01-17）

教育托管机构安全管理亟待加强

近年来，在不少大中城市，校外托管机构如雨后春笋涌现。这些教育托管机构专门替家长临时接送、照看和辅导孩子，大多集中于学校周边繁华地界，生意日益红火。但与红火的托管市场不相称的，却是安全管理的缺失，各类托管机构良莠不齐、隐患多多，不少都是“无照经营”，有证托管的多数存在超范围经营现象，很多托管机构的午休、餐饮场所根本不符合消防和食品卫生等有关标准规范，同时有关方面对这个领域的监管也基本处于空白。校外托管机构的安全管理已成为主城区公共安全的重点和难点，必须引起高度重视。

一是加强顶层设计，制定准入标准。有关部门单位要适应教育托管市场发展的形势和要求，对校外托管机构的现状广泛开展摸底调查和分析评估，认真总结当前校外托管机构存在的突出问题，坚持问题导向，按照依法治理、系统治理、综合治理、源头治理原则，突出科学性系统性和前瞻性，为教育托管机构设定市场准入门槛，建立教育托管机构有关规章制度，规范教育托管机构的发展。

二是加强源头治理，建立法治秩序。负有监管职责的有关部门单位要落实谁主管谁负责、谁审批谁负责和谁监管谁负责的监管责任从严把握教育托管机构的市场准入标准，对符合市场准入条件的依法准予托管经营，对不符合市场准入条件的坚决不予从事有关校外托管活动，同时，要加强对有证经营的教育托管机构的动态监管，对无证开展校外托管经营和有证超范围进行经营的，依法予以处罚，保障校外托管法治秩序。

三是加强监督检查，促进健康发展。建立健全对教育托管机构的安全生产责任体系，严格落实企业主体责任和安监部门综合监管、属地政府属地监管责任，组织开展经常性监督检查，建立属地政府和有关部门单位联合检查制度，定期不定期进行专项整治，对检查发现的突出问题和重大隐患、较大危险有害因素，加强联席沟通交流，采取约谈主要负责人、挂牌督办、媒体曝光以及停止供电等有效措施，推动按要求整改到位，实现安全发展。

（2016-02-22）

建立统一专业的应急管理队伍

目前，应急管理机构（含队伍）不健全的问题在很多基层普遍存在，即使建立了安全应急管理机构（队伍）的地方，也存在着力量分散、人员不专业等问题，仅有的不多的应急人员分布在政府办公室（加挂应急管理办公室的牌子，大多指定某人兼职）以及消防、安监等有限的职能部门之中，而且有关人员往往“半路出家”，又缺乏系统的专业培训，应急管理水平和专业救援能力不高。这种情况，不能适应突发事件应急管理的实际需要，有些甚至因为业务不熟缺少实战经验引发次生衍生事故。

适应目前这种严峻形势，为有效应对社会风险和突发事件，必须建立健全统一专业的安全应急管理队伍。

一是建立统一的应急队伍。整合政府各类应急管理资源，结合政府机构改革，按照精简统一效能的要求，将分散在政府及其不同职能部门之中的应急人员集中起来，建立综合应急管理机构，根据社会治理的实际以及加强和创新宏观调控方式的要求，明确应急管理职责，确定内部机构设置和人员编制。

二是促进应急队伍专业化。合理设置应急管理人员专业知识、实际经验等方面内容在内的岗位准入门槛，通过公开招考、选聘等方式配强配足应急管理人员，建立一支包括安全生产应急救援在内的应对突发事件的应急管理专业队伍。

三是加强长效机制建设。健全人员教育培训、设施装备配备与管理、日常技能训练演练、应急处置工作程序、应急值守与信息沟通、风险预警监控、应急救援绩效评估等规章制度，从顶层设计抓好，从上到下为基层应急管理机构提供财政资金支持，统一组织集中轮训，建立应急物资装备和防护用品配备标准并落实到位。

（2016-03-02）

加强风险管控，增强防控能力

当前，安全形势依然严峻，各种矛盾叠加、各类风险隐患突出。要适应新形势，必须切实增强风险意识，推进社会化、法治化和精细化建设，健全风险识别和预警机制，提高安全生产风险防控能力。

推进主体责任落实。当前，政府忙、企业闲，政府担心、企业粗心，政府热、企业冷的现状还没有根本改变，企业主体责任不落实已成为制约安全生产基础薄弱的突出问题。因此，通过建立健全包括金融信贷制约在内的诚信体系，促使企业自觉开展安全生产标准化建设，实行精细化、常态化管理，建立健全企业自查自纠、持续改进长效机制。

强化全民教育培训。培训不到位是最大的隐患。安全意识、危机意识、风险意识淡薄，心存侥幸、碰运气的心理，在不少地方和人群中仍然大有市场。酒驾屡禁不止、高空作业无防护、受限空间作业不检测等现象时有发生……这些都无一例外地说明，全民安全教育培训势在必行，必须通过各种有效形式和途径，广泛宣传安全生产法律法规和安全知识，使全社会成员都树立生命至上、安全第一观念，提高共同防控风险的自觉性。加强安全文化建设，以安全文化引领安全生产，让安全文化入脑入心。

加强隐患排查整治。隐患是事故的根源，隐患不除事故难消。建立健全责任体系、隐患排查治理体系、制度创新保障体系，都是要细化和落实安全生产工作责任和措施，加强对安全生产工作的管控。但要坚持问题导向，定期不定期对当地当前的安全生产情况和风险及时进行识别、评估，掌握重点，牢牢抓住重点，切忌眉毛胡子一把抓。为此，要组织专门力量，对辖区和监管范围内所有生产经营单位进行摸底排查，梳理分析评估，明晰重点行业领域重点生产经营单位，明确存在重大危险源和较大危险有害企业和危险作业岗位，掌握关键时间节点，并有针对性地出台政策措施，按照人人参与、人人尽责的社会化工作格局和法治思维、依法治理方式，以及标准化、精细化管理的要求，深化网格化实名制，强化责任、措施落实，健全有关监控和奖惩制度，加大过程监管力度，增强安全生产预防控制能力。

严格安全监管检查。《安全生产法》将红线意识等党和国家领导人关于安全生产工作的重要论述以及十八大以来安全生产工作的方针政策、行之有效的经验做法等固化为制度，成为必须遵循的强制性规定。从近期国内发生的安全生产重特大事故看，有法不依、执法不严依然是事故发生的一个重要因素。依法加强安全生产监督检查，从严查处违法非法生产经营建设行为，任重道远。负有安全监管职责的部门必须加大执法检查力度，通过严格执法检查督促各类责任主体全面落实责任，全面抓好安全生产工作机制和责任制、管理制度的落实，有效提升安全预防和控制水平。

（2016-02-26）

安全生产大检查，企业不能置身事外

安全生产大检查开展以来，各地政府部门迅速行动，取得了显著成效。但与之形成鲜明对照的是，一些企业，尤其是中小微企业却置身事外，有的进行了部署但不见实际行动，有的开了会之后不了了之，有的甚至不以为然，认为“政府部门天天来查就够了，还用我们干啥？这么个小企业，光干活就忙不过来了，谁还有空去搞检查”，类似的情况不一而足。

出现这种“政府部门忙得团团转，企业在一边跟着看”的情况，原因不外乎以下几个方面：

一是宣传教育不到位，企业认识不够。依然重生产轻安全，对安全生产法律法规识别不全，对开展大检查的意义、要求认识不清，企业安全生产主体责任没有落实或者很少落实。

二是基层基础不扎实，企业工作不力。安全生产大检查，企业自查自纠是基础。但不少中小企业安全管理机构或者安全生产管理人员虚设，安全管理人员在职不在岗，履职能力差或者很少履职，根本不可能按要求开展隐患排查治理工作。

三是长效机制未建立，督促企业开展自查自纠手段不足。很多中小企业没有建立隐患排查治理体系，企业没有甚至不知道也不会进行检查。相对应的，一些政府部门履行监管监察职责有误区，将大检查的落脚点放在了充当企业安全管理员上，同时，对企业没按规定开展大检查又缺乏有操作性的强制性制约手段。

大检查重在落实责任，重在通过政府部门严格执法的外部强制力推动企业从自身内部真正动起来，通过政府部门暗访、抽查、检查督促企业强化检查，提高检查质量，全面落实隐患排查治理的主体责任。大检查，基础是企业自查，关键在政府督查，核心是消除隐患，目标是遏制重特大事故，这四个方面缺一不可，必须全面把握，不能抓住一点、不及其余。

因此，作为大检查的基层基础，企业不仅不能置身事外，而且要切实发挥好主体作用。

一是要强化宣传教育。通过各种形式各种途径宣传安全生产法律法规规章和关于开展大检查的各项要求，特别是要突出对企业主要负责人、安全生产管理人员和全体从业人员的教育培训，让企业和企业安全管理人员真正清楚并严格履行自身担负的安全生产职责，切实做好大检查工作。

二是要落实安全责任。当前尤其是要分清并细化监管责任和主体责任，探索落实各自责任的途径和方式，健全责任制约制度，从立法层面增加对企业主体责任不落实的强制性制约措施，为企业按规定履行安全检查义务提供法制保障。

三是要建立长效机制。加强企业安全生产管理人员培训，引导企业加大安全生产投入，建立健全隐患排查治理体系，强化企业隐患自查自纠，促进隐患排查治理制度化规范化常态化。

四是要严格执法监察。依法行使安全监管监察职权，对企业不按规定开展安全检查进行督查，对企业不按法律规定履行主体责任的违法行为实施处罚，引导教育企业全面落实责任，整改消除事故隐患，有效防范事故发生。

（2016-03-11）

切实增强基层应急保障能力

当前，基层生产经营单位，尤其是大量的小微企业安全生产应急管理基础依然脆弱，应急保障能力低，已成为制约安全生产工作整体水平的一大瓶颈。

问题主要表现在：一是不少生产经营单位没有应急预案，即使有预案也大多缺乏风险评估，毫无针对性，形同虚设。二是一些生产经营单位没有配备必须的应急器材和防护装备，对已有的物资和装备缺乏检测、维护，超期服役现象突出，属于“名存实亡”。三是部分生产经营单位不管自己行业性质和重点风险隐患，一味组织人员疏散和救火演练，并且注重演忽视练，走过场、搞形式，徒劳无功。四是个别生产经营单位根本没有应急救援人员，一些单位应急救援人员、岗位职责不明确，也没有进行专门培训和业务训练，缺乏实战经验。

解决这些问题，必须树立“预案不完善就是隐患、培训不到位就是隐患、演练不到位就是隐患”的理念，落实责任、深化监管、加强执法，切实增强基层安全应急保障能力。一要加强风险辨识评估。改变重隐患排查轻风险防范的认识，加强风险管控，组织专门人员或者聘请安全服务机构，全面识别本单位存在的安全生产风险，分析可能发生的事故类型、后果、危害程度和影响范围，提出防范和控制风险的措施。二要加强应急预案管理。推动生产经营单位根据本单位的风险辨识评估和应急资源情况，编制或适时修订专项预案或现场处置方案，重点岗位、危险部位和重点环节制定应急处置卡，做到预案简明、专业、管用、有效。三要强化应急培训演练。把应急培训纳入企业三级教育和全员安全培训，强化对应急预案涉及人员培训，使其熟悉各自职责、工作程序、所在岗位应急措施等关键要素，做到内化于意识、外化于行动。开展常态化应急预案演练，提升有关人员的响应速度和应急能力，提高现场作业人员的应急技能。四要强化应急管理监督检查。把应急管理设定为标准化考评的否决项，列为日常执法检查、暗访暗查、专项行动的重要内容，加强对生产经营单位落实主体责任的执法检查力度，依法查处违法违规行为，并通过新闻媒体予以曝光，推动生产经营单位规范应急管理工作，进一步提升应急保障水平。

（2016-02-15）

业务探讨

学法是我前进的阶梯

从2004年7月到市里的安监大队后，经过三个月的学习，本以为对《安全生产法》十分了解的我，在第一次随从一个市督查组监察时却手足无措，查什么、怎么查、有哪些手段去加以落实？面对这些问题，自己一点儿也不清楚。

我们是安全生产监管人员，大家都盯着呢，现场的那个场面真是尴尬。幸亏同行的组长是一位“老安全”，以他丰富的安全生产实践经验现场讲解，为我解了围。这个场面至今历历在目。

“安全生产执法监察就是检查《安全生产法》的执行情况。执法内容的书写必须严格依据《安全生产法》。”他的这些话让我豁然开朗。

是啊，安全生产执法监察工作，仅凭一知半解，不懂专门的法律法规，怎么能做到严格依法行政？怎么能做到让执法对象知法守法？这样的教训实在是太深刻了。

吃一堑，长一智。我找来《安全生产法》《安全生产法释义》，从头到尾，一字一句，认认真真地反复研究起来。

经过一段时间的认真学习，结合执法监察的实践，借鉴别人的经验，我提出了诸城市执法监察的一般流程图，明确了行使查封扣押职权的注意要点，在学习《安全生产法》上有了一些初步体会。

话不说不清，理不辩不明。在安监部门能否对建筑工程事故进行处罚的问题上，原以为自己对《安全生产法》理解得透彻了，但读了《中国安全生产报》等报刊的文章后，才明白自己原先的一些认识存在偏差。比如，在安全生产综合监管和行业监管的关系、安全生产违法行为处罚主体、联合执法的具体操作等方面，都还需要在今后的学习中深化理解，学会事事都遵守安全生产法律法规的规定，时时做到严格依法办事。

继续学习，不仅要学习《安全生产法》，还要学习与之相关的专门法、行政法规、规章以及各种规范性文件。比如，掌握《安全生产法》第五章生产安全事故调查处理的内容，必须结合《生产安全事故报告和调查处理条例》进行。同时，只有紧密联系实际案例，明确基本原则，才能运用新的法律规定，解决和处理问题。

实践证明，学无止境。《安全生产法》是安全生产监管的利器，学好法才能更好地执法。

（《中国安全生产报》2007－11－20）

应规范执法监察三种语言

编辑同志：

安全生产执法人员在执法监察时，必须注意规范自身的三种语言。

规范口头语言。要严格以安全生产执法人员的职业道德约束自己，时刻牢记自己代表的是整个安全生产执法机构的形象。话语既要文明，更要合法；既要正确，又要有逻辑性；既要通俗易懂，又要讲究艺术性。

到生产经营单位检查，制作询问笔录，送达执法文书等执法行为，都需要提前做好计划，做一个执法监察的口语提示纲要，把要表明的身份、来意，执法过程中的衔接，需要重点强调的问题等一一列出。不仅要正确，而且要形成一个系统，使整个执法流程如行云流水，既简单明了，又无懈可击。

譬如到生产经营单位检查，出示证件表明来意可这样说："我们是××安监局的执法人员，这是我们的执法证件，请您过目。今天依法对你单位进行安全生产检查，请予以配合。"其他的执法环节，不一一列举。只要按照计划，突出侧重点，逐步实施口语提示即可。

规范书面语言。严格以法律、法规、规章与国家或行业标准的术语为准绳，根据生产经营单位的具体实际，准确表述。

书写执法文书，应最大限度地采用法律术语或者专业术语，避免随意性和模糊性，应与执法的依据相一致。比如，生产经营单位的规章制度和操作规程未制订，安全生产责任制未落实到相关人员，在下达责令改正指令书时应这样填写："主要负责人未按照《安全生产法》第十七条第一项、第二项的规定建立健全安全生产责任制、制订生产经营单位的规章制度和操作规程。"这样既明确了执法的依据，又指明了责任主体，还与《安全生产法》第十七条的法律责任相对应，便于追究法律责任。

规范肢体语言。要严格按照法律、法规、规章与国家或行业标准对从业人员职业卫生安全的规定去做，不可在执法监察中作出不符合安全要求的行为。到加油站还接听移动电话，未穿戴劳动防护用品就擅自进入危险化学品生产场所等行为，好像是小事，但小事不小。执法监察人员的一举一动，代表的是安全生产执法机构的水平和形象，比安全生产教育培训的千言万语、执法监察的若干份执法文书的力量都要强，毕竟身教重于言教。

笔者认为，规范执法监察的语言，做到严格、文明、客观、公正执法，可以实现“良言一句三春暖”的和谐安全生产效果。

（《中国安全生产报》2008-07-24）

执法检查应避开"四个都"误区

编辑同志：

笔者发现，在安全生产执法检查工作中，容易出现"四个都"误区。

一、凡是有关安全的举报，都受理

目前基层安全监管监察部门普遍建立了举报制度，公开举报电话、信箱或者电子邮件地址。但是在日常工作中，接到的许多举报超出了安全监管监察部门的职责范围，但有的安全监管监察部门"出于综合监管的考虑"，都受理并到现场调查处理。

《安全生产法》第六十三条明确规定："负有安全生产监督管理职责的部门应当建立举报制度，公开举报电话、信箱或者电子邮件地址，受理有关安全生产的举报……"要强调的是，这里说的举报是"有关安全生产"的举报。

所谓"有关安全生产"，笔者认为，这里要参看《安全生产法》第二条等规定，认真理解《安全生产法》的适用范围。

《安全生产法》调整的事项是生产经营活动中的安全问题，比如生产经营单位及其有关人员的安全生产违法行为，生产经营单位存在的重大事故隐患，有关地方人民政府、负有安监职责的部门及其工作人员在履行职责过程中的失职或者违法行为。

当然，各级安全监管监察部门的"三定"方案等有特殊规定的，也可酌情考虑。

其他一些涉及"安全"二字的问题，比如公共场所集会活动中存在安全问题，应直接告诉举报者向其他部门举报，不可越权。

二、立案的案件，都由安全监管监察部门处罚

对安全生产违法案件（不论是在执法检查中发现的，还是举报受理而来的），安全监管监察部门在立案调查取证后，发现不属于自己管辖的，应当及时移送有管辖权的部门。

《安全生产违法行为行政处罚办法》（总局15号令）第八条规定：

“对报告或者举报的安全生产违法行为，安全监管监察部门应当受理；发现不属于自己管辖的，应当及时移送有管辖权的部门。”

其第六条规定：“给予关闭的行政处罚，由县级以上安全监管监察部门报请县级以上人民政府按照国务院规定的权限决定。给予拘留的行政处罚，由县级以上安全监管监察部门建议公安机关依照治安管理处罚法的规定决定。”

总局15号令第二十八条规定：“安全监管监察部门负责人应当及时对案件调查结果进行审查，根据不同情况，分别作出以下决定：（一）确有应受行政处罚的违法行为的，根据情节轻重及具体情况，作出行政处罚决定；（二）违法行为轻微，依法可以不予行政处罚的，不予行政处罚；（三）违法事实不能成立，不得给予行政处罚；（四）违法行为涉嫌犯罪的，移送司法机关处理。”

由此可见，经过立案的案件，即使处罚，也不一定由安全监管监察部门处罚。

三、下达处罚意见告知书以后，都一定处罚

案件调查终结后，安全监管监察部门应当填写行政处罚告知书，告知当事人作出行政处罚决定的事实、理由、依据，以及当事人依法享有的权利，并送达当事人。

有的同志认为，行政处罚决定是安全监管监察部门负责人审查后作出的决定，不能轻易改变。这种看法是不正确的。按照《行政处罚法》和《安全生产违法行为行政处罚办法》的规定，下达行政处罚告知书，主要是告知当事人依法享有陈述、申辩，或者依法提出听证的权利。

如果当事人在法定的时间内，进行陈述和申辩，安全监管监察部门应当进行复核；当事人提出的事实、理由和证据成立的，安全监管监察部门应当采纳。如果属于不予行政处罚或者不得给予行政处罚的，安全监管监察部门应当不予处罚；符合听证条件，当事人要求听证的，安全监管监察部门应当组织听证。

四、同种违法行为，处罚数额都相同

这种误区虽不常见，但在实际执法过程中，尤其是在行使自由裁量权的时候，往往会自觉不自觉地步入误区。有些人认为反正都是违法行为，法律又没规定具体的裁量底线，只要构成违法行为，就按同一标准处罚就行。这种一刀切的做法，有违依法行政的本义。

《行政处罚法》明确规定，实施行政处罚，应当遵循公平、公正、公开的原则。《安全生产违法行为行政处罚办法》第三条规定："安全监管监察部门及其行政执法人员实施行政处罚，必须以事实为依据。行政处罚应当与安全生产违法行为的事实、性质、情节以及社会危害程度相当。"

这就是说，行政处罚，不仅要合法，也要合理。在处罚时，不仅要讲证据，而且要全面考虑同一违法行为的事实、情节以及社会危害程度。安全监管监察部门行使自由裁量权作出的行政处罚，不仅要和违法行为的性质相适应，而且要和违法行为的事实、情节以及社会危害程度相当，不能畸轻也不能畸重。

（《中国安全生产报》2008-07-05）

实施一般程序行政处罚应注意四个问题

笔者从事安监执法工作多年，对执法过程中的一些问题多有思考，现就实施一般程序行政处罚应当注意的问题谈点体会。笔者认为，实施一般程序行政处罚应注意四个问题。

一、立案必须有明确的行政相对人

不论案件是来源于检查还是举报、移送或其他信息渠道，需要立案的案件，首先必须有明确的行政相对人，并且该相对人具有安全生产违法行为的嫌疑，做到立案准确，这是调查取证的前提，是查处安全生产违法行为的基础，也是实施安全生产行政处罚应当具备的首要条件。

准确确定行政相对人，科学界定调查对象，要以《民法通则》和《民事诉讼法》的相关规定为依据，结合生产经营单位的具体情形，以工商营业执照为准，合理确定。

二、调查必须全面客观公正

调查是实施行政处罚的法定必经程序。《安全生产违法行为行政处罚办法》第二十二条规定，对安全生产违法行为立案后，应全面、客观、公正地调查，收集有关证据。

对相对人违法行为经过检查、询问、勘验、鉴定、抽样取证、先行登记保存等手段，收集所有能够证明安全生产违法行为的充足证据，查清事实，为正确适应法律规范提供坚实的依据。不能仅有检查就立案处罚，也不能调查不清事实、判断不明违法行为的性质，就盲目地施以处罚。

三、告知听取申辩必须制作笔录

如同调查是实施行政处罚的法定必经程序一样，告知也是安全生产行政处罚的必经程序。未经告知程序、告知内容不全面或者将告知程序与处罚决定送达合二为一的做法，都是不正确的，该处罚决定不成立。

同时，当事人有权进行陈述和申辩。安全生产监督管理部门必须充分听取当事人的陈述和申辩，对当事人提出的事实、理由和证据，应当进行复核；当事人提出的事实、理由和证据成立的，安全生产监督管理部门应当采纳。按照这一精神，对相对人的陈述和申辩，安全生产监督管理部门应当认真听取，并制作笔录。

在国家安监总局《关于印发〈安全生产监督检查行政执法文书（式样）〉的通知》中，安全生产监督检查行政执法文书（式样）新增加了陈述申辩笔录。当事人提出陈述和申辩，我们就必须充分听取并认真进行复核，对合理的应当采纳。听取过程必须制作笔录。经过这个程序，处罚决定才成立。

四、审查与决定分开是行政处罚的原则

案件经过告知和申辩终结后，调查机构应当将案件调查报告移交审查机构审查。《安全生产违法行为行政处罚办法》确立了对安全生产违法行为实行调查取证与处罚决定分开的原则。应该说审查是行政处罚普通程序的必经阶段。

审查机构作出审查意见送安监部门负责人审批后，应当根据不同情况分别作出不同处理决定再报安监部门负责人签发。这里两次签批是必须的程序。

（《中国安全生产报》2008-10-28）

监察文书书写要规范

安全监管监察下达监察文书，是监管检查中必不可少的一个重要环节。规范的监察文书对保证检查的效果，监督生产经营单位主要负责人履行安全生产管理职责，具有非常重要的意义。

笔者认为，规范书写监察文书，除了认定行政管理相对人，防止因责任主体不明和不按法定程序产生违法现象外，还要注意以下两点。

一是准确判定违法行为和事故隐患，防止超越职责权限。在检查和书写文书时，一定要以《安全生产法》《安全生产违法行为行政处罚办法》等法律、法规和相关的国家标准或者行业标准的规范术语为准，务必在法定职责的权限内，运用规范的法律条文书写定性准确、定量清楚的监察文书。

二是合理确定整改期限、处罚数额，防止滥用职权。安监部门对于检查中发现的难以立即纠正的安全生产违法行为，必须综合考虑生产经营单位的实际情况、改正的难易程度，恰当确定改正的期限；对依法应当给予行政处罚的行为，行使自由裁量权时，必须严格按照《安全生产违法行为行政处罚办法》第三条的规定，即"行政处罚应当与安全生产违法行为的事实、性质、情节以及社会危害程度相当"，全面裁量，确定合理的数额。

（《中国安全生产报》2008-03-27）

安监部门不能代替和超越职权执法

一、安监部门不是建设工程安全生产违法行为的处罚机关

《全面推进依法行政实施纲要》指出，行政机关实施行政管理，应当依照法律、法规、规章的规定进行；没有法律、法规、规章的规定，行政机关不得作出影响公民、法人和其他组织合法权益或者增加公民、法人和其他组织义务的决定。《行政处罚法》第十五条明确规定，行政处罚由具有行政处罚权的行政机关在法定职权范围内实施。这就是说，行政机关采取行政措施必须有立法性规定的明确授权。否则，越权无效。

《建设工程安全生产管理条例》作为贯彻实施《建筑法》和《安全生产法》的第一部有关建筑安全生产管理的行政法规，其第六十八条规定，本条例规定行政处罚，由建设行政主管部门或其他有关部门依照法定职权决定。第四十条对享有法定职权的部门作了界定，国务院建设行政主管部门对全国的建设工程安全实施监督管理。国务院铁路、交通、水利有关部门按照国务院规定的职责分工，负责有关专业建设工程安全生产的监督管理。

这些规定，不仅非常明确地表述了“由建设行政主管部门负责行政处罚”，而且也非常明确地告诉我们，建设行政主管部门是行政处罚主体之一，但不是惟一主体。这里的处罚主体，包括铁路、交通、水利、消防等其他部门，但是这些部门只能在各自的职责范围内对有关专业建设工程建筑事故行使法定处罚权。由此可见，安监部门既没有法律法规的授权，也没有建设工程监督管理的职权，不是建设工程的行政处罚主体之一。

二、安监部门参与事故的调查与处理，但不是处罚主体

《建设工程安全生产管理条例》第五十二条采取了开放性的规定，即“建设工程生产安全事故的调查、对事故责任单位和责任人的处罚与处理，按照有关法律、法规的规定执行”。在国务院有关事故调查的规定未公布施行前，现行的、具有最高法律效力的就是《企业职工伤亡事故报告和处理规定》（国务院34号令）和《特别重大事故调查程序暂行规定》（国务院75号令）。

在上述规定中，事故调查组由企业主管部门、劳动部门（按职责即现

在的安监部门）、公安部门、监察部门和工会等组成（国务院75号令第十条），而该规定对事故的调查与处理，尤其是对企业负责人和直接责任人的行政处理都采取由企业主管部门或企业执行。建设工程建筑企业的主管部门不言而喻就是建设行政主管部门。

建设部1989年9月30日发布的《工程建设重大事故报告和调查程序规定》对事故责任的追究更具体，其中第十八条明确规定："对造成重大事故承担直接责任的建设单位、勘察设计单位、施工单位、构配件生产单位及其他单位，由其上级部门或当地建设行政主管部门，根据调查组的建议，令其限期改善工程建设技术安全措施，并依据有关法规予以处罚。"所以，由建设行政主管部门行使行政处罚权是法定职责的要求，而不是想当然。

三、安监部门是《安全生产法》规定的行政处罚决定部门，但不是惟一的执法主体

《安全生产法》是我国安全生产领域的综合性基本法，是我国安全生产的主体法，是各级人民政府及其职能部门进行安全生产监督管理和行政执法的有力武器。它调整的监管主体主要有两类："负责"部门和"负有"部门，就是《安全生产法》第九条规定的"负责安全生产监督管理的部门"即安监部门和"负有安全生产监督管理职责的部门"，比如建设行政主管部门、质检部门等。

不论是负责安全生产监督管理的部门，还是负有安全生产监督管理职责的部门（笔者认为，后者的范围大于前者），都是《安全生产法》的行政处罚主体。

《安全生产法》第五十六条规定，负有安全生产监督管理职责的部门依法对生产经营单位执行有关安全生产的法律、法规和国家标准或者行业标准的情况进行监督检查，行使职权。

《安全生产法》第九十四条规定，有关法律、行政法规对行政处罚的决定机关另有规定的，依照其规定。

由此看来，《建设工程安全生产管理条例》确立由建设行政主管部门决定行政处罚，既符合《建筑法》，又符合《安全生产法》。

总之，安监部门作为负责安全生产监督管理的部门，对建设工程安全生产实施综合监督管理，指导协调和监督建筑事故的调查处理，但不能代替或超越职权。

（《中国安全生产报》2007-04-17）

强拆广告牌有无执法依据

2008年3月1日，山东省某市的安监部门接到群众举报，反映某楼顶一大型广告牌存在事故隐患。安监部门派员调查，发现举报属实，决定立案，随后下达了责令改正指令书。安监部门到期后进行复查，发现广告牌所有方未采取任何措施，遂下达了强制拆除的执法文书。

笔者认为，安监部门查处广告牌存在的事故隐患并下达强制拆除执法文书的行为属于越权执法。

其一，安监部门不是《安全生产法》的惟一执法主体。《安全生产法》第五十六条规定，负有安全生产监督管理职责的部门依法对生产经营单位执行有关安全生产的法律、法规和国家标准或者行业标准的情况进行监督检查，行使职权。按照《安全生产法》第九条的规定，负有安全生产监督管理职责的部门既包括负责安全生产监督管理的部门——安监部门，也包括政府有关部门——行业和领域的主管部门。不管安监部门还是行业主管部门，都是《安全生产法》的执法主体，不能一提生产经营单位的安全生产监管，就想当然地以为只是安监部门的职权。只不过，享有安全生产监管职权的部门，其各自的职权范围不同。

其二，“三定”方案明确职责分工。国务院办公厅印发的国家安监总局“三定”方案中明确了交通、铁路、民航、水利、电力、建筑、国防工业、邮政、电信、旅游、特种设备、消防、核安全等有专门的安全生产主管部门的行业和领域的安全生产监督管理工作分别由其主管部门负责。国家安监总局从综合监管的角度，指导、协调和监督这些部门的安全生产监管工作。综合监管不等于也不能代替行业监管。

该案例中，该市的三定方案中明确规定，广告牌的管理属于市政部门。根据职权法定和权责一致的原则，广告牌的安全生产事故隐患监管职权理应属于市政部门。

其三，安监部门不是主管部门。《广告管理条例》第十三条规定，户外广告的设置、张贴，由当地人民政府组织工商行政管理、城建、环保、公安等有关部门制定规划，工商行政管理机关负责监督实施。按照《山东省安全生产监督管理规定》第三条“安全生产监督管理工作坚持属地管理和谁主管谁负责、谁审批谁负责”的原则，广告牌的安全生产监督管理工作由工商、城建、环保、公安等部门在各自的职权范围内分工负责。

其四，安监部门无强制拆除的职权。对于行政执法机关，法无许可即禁止。《安全生产法》和相关的法规、规章并没有赋予安监部门强制拆除的行政强制措施。安监部门惟一的一项行政强制措施是《安全生产法》第五十六条第四项规定的查封、扣押权：对有根据认为不符合保障安全生产的国家标准或者行业标准的设施、设备、器材予以查封或者扣押。安监部门不像城建、市政等部门享有法律法规或者规章赋予的强制拆除的职权。

综上所述，安监部门查处广告牌存在的事故隐患并下达强制性拆除执法文书的行为超越职权，属于越权执法。

当然，安监部门行使综合监管职权，可以对设立经营广告牌的生产经营行为实现监督监察，发现事故隐患需要城建、市政等主管部门处理的，应当及时移送并形成记录备查。

（《中国安全生产报》2008-04-19）

A、B公司均为事故责任单位

——再谈事故责任单位、事故发生单位的界定

根据该文中的案例，笔者认为要分析事故责任，应先明确事故发生单位与事故责任单位两个概念。

从事故发生地的角度而言，事故发生地所属的单位是事故发生单位。从事故归责的角度而言，事故责任单位是对事故发生负有管理责任（包括直接责任和间接责任）的单位。两者不存在等同关系。具体来说，有事故发生并不一定存在事故责任单位，但有事故责任单位就必然会有事故发生。因为两者有先后顺序，先有事故发生，才可能有事故责任。也就是说，发生事故是追究责任（此处责任单指生产安全事故责任，而非其他责任）的必要条件而不是充分条件。

此外，从《安全生产法》《生产安全事故报告和调查处理条例》相关条款的字面意思来看，笔者认为，事故责任单位不应只限定于一家。由于生产经营活动中承包关系的存在，如要界定生产安全事故的责任，需从多个方面分析原因。

在该案例中，笔者认为B公司是事故发生单位，A、B公司均为事故责任单位，B公司承担事故的主要责任。

首先，根据《安全生产法》第四十一条规定，A公司负有该工程安全生产统一协调和管理的责任，对B公司在该工程施工过程中出现的问题，如挂靠在B公司的孙某施工队有无资质等，负有管理职责，应该承担事故的次要责任。但需要指出的是，即便承包合同对安全生产管理有约定，根据对《安全生产法》及相关法律理论的分析，该合同约定的安全生产管理责任只能是民事责任，而不能是行政责任或刑事责任。

其次，事故是在B公司所承包的范围内发生的，遇难人员为B公司（挂靠单位）的工作人员，故B公司应为事故发生单位且对事故发生负主要责任。虽然两份附属工程协议上盖的是B公司某项目部印章，但孙某是B公司认可的4#厂房主体工程项目部施工现场实际负责人，4#厂房主体工程已通

过验收，履行合同事实存在。A公司相信孙某具备相应的施工资质且具备有效代理权，并按协议规定，分别将两项附属工程的预付款汇入B公司账户，B公司已对其中的一笔预付款开具完税票据。因此，A公司与B公司签署的两份附属工程协议有效，B公司是两项附属工程的承包单位。

综上，应按照《生产安全事故报告和调查处理条例》的相关规定给予A、B两家公司相应的行政处罚，由B公司承担民事赔偿责任。

案情回放

A企业是一家金属矿山地下开采企业，它将井下的采矿和巷道掘进工作发包给B企业，同时C企业承包了井下的地勘工作。按合同的约定，A企业承担井下各生产系统（大系统）的正常运转和维护，监督井下作业单位的生产安全，负责井下作业的日常安全管理和各作业区域局部生产系统的建设、投资和管理，以及局部系统生产安全；B企业和C企业负责主巷道到工作面的生产设施。

2007年6月，A企业井下由B企业承包的一采矿工作面发生事故，致1人死亡（死者是B企业的作业人员）。

经调查认定，事故的直接原因为工人避险时由于机械设置的位置未到达安全要求，碰撞机械致死；间接原因为B企业和A企业的安全管理人员对这一设置不当的机械在长期的安全检查过程中没有发现并纠正，安全管理不到位。

（《中国安全生产报》2010-10-21）

也谈“事故发生单位”的界定

9月8日《中国安全生产报》第三版刊发《“事故发生单位”应如何界定》一文，对事故发生单位的界定提出了疑问。笔者读了此文，深受启发，根据该文中的案例提出自己的一些意见。

第一，应明确事故发生单位与事故责任单位两个概念。

从严格意义上来说，两者不存在等同关系，事故发生单位不一定是事故责任单位，事故责任单位也不一定就是事故发生单位。具体来说，有事故发生并不一定存在事故责任单位，但有事故责任单位就必然会有事故发生。因为两者有先后顺序，先有事故发生，然后才可能有事故责任。也就是说，发生事故是追究责任（此处责任单纯指生产安全事故责任，而非其他责任）的必要条件而不是充分条件。因为有些事故的发生是无法避免的，无法确定事故责任单位和责任人。

国家安监总局第13号令《〈生产安全事故报告和调查处理条例〉罚款处罚暂行规定》第三条规定：“本规定所称事故发生单位是指对事故发生负有责任的生产经营单位。”由此可明确事故发生单位与事故责任单位的关系。

第二，从《安全生产法》《条例》规定条款的字面意思来理解，笔者认为，对事故发生负有责任的事故发生单位应不只限定于一家。如A、B、C三家企业签订合同，共同从事某项目的生产经营活动，其各自机械设备和各方工作人员都混合在一起。在工作时发生生产安全事故，事故发生责任无法明确到某个人，则事故发生单位和事故责任单位自然是合作各方。

第三，针对案例，可做如下分析。

1. 在A、B、C三家企业所签订的合同中，安全生产管理协议部分内容合法有效。

《安全生产法》第四十一条规定：“生产经营项目、场所有多个承包单位、承租单位的，生产经营单位应当与承包单位、承租单位签订专门的安全生产管理协议，或者在承包合同、租赁合同中约定各自的安全生产管理职责；生产经营单位对承包单位、承租单位的安全生产工作统一协调、管理。”本案中A、B、C三家企业签订了合同并设立专门条款约定各自的安全生产管理职责，应当认定该协议合法有效。但需要指出的是，根据对《安全生产法》及相关法律理论的分析，该协议约定的安全生产管理责任只能是民事责任，而不能是行政责任或刑事责任。

2. 本案中B企业是事故发生单位，A、B两家企业同为事故责任单位，各自承担相应的责任。

（《中国安全生产报》2007-10-25）

《企业职工伤亡事故分类标准》是界定最高标准

《中国安全生产报》2008年3月20日三版刊登的《应依据哪个界定“重伤”》一文认为，目前可以用于界定生产安全事故中重伤的规定有多个，认定重伤无所适从，让人犯难。笔者认为，用于界定重伤的规定是有多个，但《企业职工伤亡事故分类标准》（GB6441-86）是用于界定生产安全事故中重伤的最高标准。

其一，《企业职工伤亡事故分类标准》（GB6441-86）是迄今为止与《生产安全事故报告和调查处理条例》相配套的最高的国家标准。《企业职工伤亡事故分类标准》（GB6441-86）是与《企业职工伤亡事故报告和处理规定》相匹配的企业职工伤亡事故统计的国家标准。《生产安全事故报告和调查处理条例》从2007年6月1日起施行，1991年2月22日公布的《企业职工伤亡事故报告和处理规定》同时废止。但在新的企业职工伤亡事故统计的国家标准出台之前，与《企业职工伤亡事故报告和处理规定》相匹配的《企业职工伤亡事故分类标准》（GB6441-86）仍是目前企业职工伤亡事故统计的最高国家标准。《企业职工伤亡事故报告和处理规定》的废止并不意味着《企业职工伤亡事故分类标准》（GB6441-86）同时废止。

其二，《企业职工伤亡事故分类标准》（GB6441-86）与《关于重伤事故范围的意见》（〔60〕中劳护久字第56号）相比，更具有科学性、可行性与适用性，更易于掌握，便于实施。首先，《企业职工伤亡事故分类标准》（GB6441-86）继承了《关于重伤事故范围的意见》，具有更强的可操作性。《〈企业职工伤亡事故分类标准〉编写说明》指出，该标准将《关于重伤事故范围的意见》规定的脚部重伤最轻一级（即“脚部受害：①脚趾轧断三只以上的”）折算为损失工作日105日，并以此作为重伤的起点，同时详细列出了超过105日的各种伤害。这样，对照该标准的附表——损失工作日计算表就很容易认定是否为重伤。其次，为更方便计算事故伤害损失工作日，国家出台了《事故伤害损失工作日标准》（GB/T15499-1995）。

其三，《企业职工伤亡事故分类标准》（GB6441-86）比《职工工伤与职业病致残程度鉴定标准》《人体重伤鉴定标准》具有更强的针对性。任何法律法规标准都有各自的依据和适用范围。《职工工伤与职业病致残程度鉴定标准》依据《工伤保险条例》，适应工伤保险制度改革，是工伤、职业病患者在国家社会保险法规所规定的医疗期满后，进行医学鉴定的准则和依据。《人体重伤鉴定标准》依照《刑法》，以医学和法医学的理论和技术为基础，结合我国法医检案的实践经验，为重伤的鉴定提供了科学依据和统一标准。而《企业职工伤亡事故分类标准》依据《企业职工伤亡事故报告和处理规定》（现为《生产安全事故报告和调查处理条例》），以简单、通俗的术语，为事故现场直接快速计算伤亡人数提供了科学的准则。

（《中国安全生产报》2008-03-25）

直接经济损失计算之我见

10月30日《中国安全生产报》第三版刊发《直接经济损失如何算》一文，认为可以借鉴公安部出台的《火灾直接财产损失统计方法》（GA185-1998）来计算生产安全事故的直接经济损失，为直接经济损失的计算提出了很好的意见。笔者阅读此文，深受启发，也提出自己的一些看法。

一、生产安全事故直接经济损失的计算有章可循

1986年出台的《企业职工伤亡事故经济损失统计标准》（GB6721-86）是迄今为止计算生产安全事故经济损失的最高效力的依据。

《企业职工伤亡事故经济损失统计标准》（GB6721-86）不仅明确了经济损失、直接经济损失等概念的定义、统计范围、计算方法、评价指标，还给了几种经济损失的测算法。

根据《企业职工伤亡事故经济损失统计标准》（GB6721-86），直接经济损失是指因事故造成人身伤亡及善后处理支出的费用和毁坏财产的价值。它的统计范围包括财产损失价值（固定资产损失价值和流动资产损失价值）、人身伤亡后所支出的费用（医疗费用含护理费用、丧葬及抚恤费用、补助及救济费用、歇工工资）和善后处理费用（处理事故的事务性费用、现场抢救费用、清理现场费用、事故罚款和赔偿费用）。其中，固定资产损失价值按下列情况计算，报废的固定资产价值以固定资产净值减去残值计算，损坏的固定资产价值以修复费用计算。流动资产损失价值按下列情况计算，原材料、燃料、辅助材料等的价值按账面值减去残值计算，成品、半成品等的价值以企业实际成本减去残值计算。

二、充分发挥专家或者具有国家规定资质的单位的作用

《生产安全事故报告和调查处理条例》第二十二条规定，事故调查组可以聘请有关专家参与调查。第二十七条规定，事故调查中需要进行技术鉴定的，事故调查组应当委托具有国家规定资质的单位进行技术鉴定。必要时，事故调查组可以直接组织专家进行技术鉴定。

因此，按照《企业职工伤亡事故经济损失统计标准》（GB6721-86）

计算直接经济损失时，可以聘请具有职业资格的专家或者委托具有国家规定资质的单位进行鉴定。比如，计算该起事故的直接经济损失，计算固定资产（如厂房和造纸成型机）和流动资产的价值，根据情况，可以委托物价鉴定机构、房产评估所等单位或者聘请其专业人员进行。人员伤亡所支出的费用则可以听取劳动、医疗等行业的鉴定机构或者专家的意见。这样操作，可以避免非专业人员在计算直接经济损失中的盲目性、随意性，增强结论的科学性和权威性。

三、要尽快健全与完善事故经济损失计算标准

随着《生产安全事故报告和调查处理条例》的颁布施行，《企业职工伤亡事故报告和处理规定》同时废止。但《企业职工伤亡事故经济损失统计标准》（GB6721-86）、《企业职工伤亡事故分类标准》（GB6441-86）、《企业职工伤亡事故调查分析规则》（GB6442-86）、《事故伤害损失日标准》（GB/T15499-1995）在新的国家标准颁布施行之前，仍然是事故调查和分析的重要依据。

目前，事故调查和分析的理论和方法日渐成熟，不少估算经济损失的国家标准，如《火灾直接财产损失统计方法》（GA185-1998），都可以参考借鉴。但毕竟《企业职工伤亡事故经济损失统计标准》（GB6721-86）是与生产安全事故调查与报告相配套的综合性国家标准。所以，笔者认为，在计算直接经济损失时，仍要以此标准为主，不可主次颠倒，甚至本末倒置。

（《中国安全生产报》2007-11-20）

处罚须按国务院493号令进行

阅读2009年1月13日《中国安全生产报》第三版《应仍按国务院493号令处罚？》一文，仔细了解事故的前因后果，笔者认为应按国务院493号令处罚。

浙江德清“夺命手臂”事故调查组根据调查的客观事实，认定该起事故不是生产安全死亡事故，无可厚非，但不能因此断定该起事故不属于国务院493号令所属事故。这种认定既不科学又不严肃，更不符合法律法规的规定。根据国务院493号令第三条第一款第四项规定，“一般事故，是指造成3人以下死亡，或者10人以下重伤，或者1000万元以下直接经济损失的事故。”该起事故虽然不属生产安全死亡事故，但它是生产安全一般事故。它属于生产安全重伤事故，这不仅符合当地医疗卫生机构的鉴定结论，更符合客观事实。

同时，根据事故调查组认定的事故原因，不难看出，这是一起责任事故，汇丰公司主要负责人对事故的发生负有不可推卸的管理责任。因此，对该起事故的处理必须依照国务院493号令进行。

需要指出的是，作为安监部门实施生产安全事故罚款依据的部门规章，国家安监总局13号令在规定罚款的事故等级上，仍然沿用以前的事故等级分类，只在第十四条规定“事故发生单位对造成3人以下死亡，或者3人以上10人以下重伤（包括急性工业中毒），或者300万元以上1000万元以下直接经济损失的事故负有责任的，处10万元以上20万元以下的罚款”，未能规定对3人以下重伤或者300万元以下直接经济损失事故的责任单位的罚款数额，不能不说是个遗憾。

（《中国安全生产报》2009-02-05）

附原文

国务院493号令是生产安全事故事故处罚的法定依据

阅读2009年1月13日《中国安全生产报》第三版《应仍按国务院493号令处罚？》一文，仔细了解事故的前因后果，笔者认为应按国务院493号令处罚。

一、重伤事故仍是生产安全事故

其一，这符合国务院493号令规定的生产安全事故的含义。国务院493号令第二条规定，生产经营活动中发生的造成的人身伤亡或者直接经营损失的生产安全事故的报告和调查处理，适应本条例。

国务院493号令第三条在事故的等级划分中明确规定，生产经营活动中发生的造成的人身伤亡，既包括造成人员死亡，又包括重伤。

其二，这符合国家标准规定的生产安全事故的内容。上述国务院493号令规定的生产安全事故的含义与国家标准《企业职工伤亡事故分类标准》（GB6441-86）、《企业职工伤亡事故调查分析规则》（GB6442-1986）是一脉相承的。

在《企业职工伤亡事故分类标准》（GB6441-86）和《企业职工伤亡事故调查分析规则》（GB6442-1986）中，伤亡事故是指企业职工在生产劳动过程中，发生的人身伤害、急性中毒。其中《企业职工伤亡事故分类标准》（GB6441-86）事故按严重程度分为轻伤事故、重伤事故、死亡事故；《企业职工伤亡事故调查分析规则》（GB6442-1986）在“事故调查程序”中指出：“死亡、重伤事故，应按如下要求进行调查。轻伤事故的调查，可参照执行。”综上，不论是国家标准，还是作为国家行政法规的国务院493号令，都很明确地界定了重伤事故是伤亡事故，是生产安全事故。

浙江德清“夺命手臂”事故调查组根据调查的客观事实，认定该起事故不是生产安全死亡事故，无可厚非，但不能因此断定该起事故不属于国务院493号令所属事故。这种认定既不科学又不严肃，更不符合法律法规的规定。根据国务院493号令第三条第一款第四项规定：“一般事故，是指造成3人以下死亡，或者10人以下重伤，或者1000万元以下直接经济损失的事故。”该起事故虽然不属生产安全死亡事故，但它是生产安全一般事故。它属于生产安全重伤事故，这不仅符合当地医疗卫生机构的鉴定结论，更符合客观事实。

二、事故必须按国务院493号令调查和处理

其一，这是国务院493号令的适应范围规定的。国务院493号令《生产安全事故报告和调查处理条例》第二条对生产安全事故调查和处理的适应范围作了明确规定："生产经营活动中发生的造成人身伤亡或者直接经济损失的生产安全事故的报告和调查处理，适用本条例；环境污染事故、核设施事故、国防科研生产事故的报告和调查处理不适用本条例。”浙江德清“夺命手臂”事故发生在生产经营活动中，造成人员重伤，是生产安全事故，那么该事故的调查和处理必须适应国务院493号令。

其二，这是《安全生产法》规定的。2002年11月1日实施的《安全生产法》虽然没有明确规定事故调查和处理的程序，但其第七十三条规定“事故调查和处理的具体办法由国务院制定”。国务院493号令自2007年6月1日起施行，国务院1989年3月29日公布的《特别重大事故调查程序暂行规定》（国务院34号令）和1991年2月22日公布的《企业职工伤亡事故报告和处理规定》（国务院75号令）同时废止。因此，生产安全事故调查和处理的唯一综合性法律法规依据就是国务院493号令。浙江德清“夺命手臂”事故既然是生产安全事故，那么这一事故的调查和处理必须依照国务院493号令进行。

其三，这是国家安监总局15令即《安全生产违法行为行政处罚办法》明确规定的。国家安监总局15令第四十三条规定：“生产经营单位的主要负责人未依法履行安全生产管理职责，导致生产安全事故发生的，依照《生产安全事故报告和调查处理条例》的规定给予处罚。”

根据浙江德清“夺命手臂”事故调查组认定的事故原因，不难看出，该起事故是一起责任事故，汇丰公司主要负责人对事故的发生负有不可推卸的管理责任。所以对该起事故的处理应当依照《生产安全事故报告和调查处理条例》即国务院493号令的规定处理，给予处罚。

三、处罚必须按国务院493号令进行

其一，这是依法行政原则的基本要求。依法行政既要严格依法办事，又要积极履行职责。国务院493号令为生产安全事故的调查和处理制定了专门的行政法规。安监部门依法行政，不能以罚款为目的，也决不能离开法律目的行使自由裁量权。安监部门依法履行职责必须有法必依、执法必严、违法必究。在事故调查和处理上，必须严格遵循国务院493号令规定，坚持实事求是和尊重科学的原则，在查明事故原因的基础上明确事故责任，按照法律、法规和国家有关规定对事故责任人提出处理意见。

其二，这是严格安全生产责任追究的需要。生产经营单位是安全生产的责任主体，生产经营单位的主要负责人对本单位的安全生产工作全面负责，《安全生产法》及有关法律法规对生产经营单位及其主要负责人的安全生产责任作了明确规定。生产经营单位及其主要负责人不落实安全生产责任，是我国目前事故多发的重要原因之一。为了加大事故成本，促使生产经营单位及其主要负责人切实落实安全生产责任，促进安全生产形势的进一步好转，预防和减少事故，应当对负有责任的事故发生单位及其主要负责人施以重罚。按照国务院493号令第三十七条的规定，事故发生单位对事故发生负有责任的，根据所发生事故的等级，处以较大数额的罚款。事故等级越高，处罚也就越严厉。但并不属于单纯的“事故罚”，即一出事故就罚款，而是在事故发生单位及其负责人对事故发生负有责任的情况下才处以罚款，目的是加大事故成本，促进生产经营单位及其主要负责人加强安全生产工作。

浙江德清“夺命手臂”事故，事故发生单位及其主要负责人负有不可推卸的责任，理应依据国务院493号令第三十七条、三十八条规定，对单位处10万元以上20万元以下罚款，对主要负责人处上一年年收入30%的罚款。这既坚持了合法原则，又坚持了合理原则。

需要指出的是，作为安监部门实施生产安全事故罚款的部门规章《〈生产安全事故报告和调查处理条例〉罚款处罚暂行规定》即国家安监总局13号令在规定罚款的事故等级上，仍然沿用以前的事故等级分类，只在第十四条规定：“事故发生单位对造成3人以下死亡，或者3人以上10人以下重伤（包括急性工业中毒），或者300万元以上1000万元以下直接经济损失的事故负有责任的，处10万元以上20万元以下的罚款。”未能规定3人以下重伤或者300万元以下直接经济损失的事故负有责任的罚款数额，不能不说是个遗憾。

从轻或减轻须依法适用

适应从轻处罚或减轻处罚首先要具备法定的条件，其次要遵循合理原则。《行政处罚法》规定可以从轻或减轻处罚的情况有：主动消除或减轻违法行为危害后果的；受他人胁迫有违法行为的；配合行政机关查处违法行为有立功表现的；其他从轻或减轻行政处罚的。在案件中，鄱阳加气站未取得危险化学品经营许可证就擅自经营，属于无证非法经营。按照有关规定，对该加气站给予没收违法所得，并处一倍罚款的行政处罚，实属处罚的最低限度，既符合立法的目的，又坚持了过罚相当原则。

案件回顾

2008年11月3日，长沙市安监局接举报，查实鄱阳加气站未取得危险化学品经营许可证，擅自于2008年9月26日对外营业。长沙市安监局于2008年12月13日依法下达强制措施决定书和处罚告知书，责令其立即停止违法行为，并依据《安全生产法》第八十四条和《危险化学品安全管理条例》第五十七条等规定，没收其违法所得124.64万元，并处125万元罚款。鄱阳加气站接到通知后，当天停止了营业，并向长沙市安监局提出了听证申请，长沙市安监局予以受理。

听证会上，双方主要围绕特殊行业是否应予以“特赦”、违法所得的认定、市安监局能不能处罚省属企业等问题进行了争论。

（《中国安全生产报》2009-02-03）

附原文

从轻处罚和减轻处罚必须依法适用

2009年1月1日《中国安全生产报》三版刊登的《对改加气站应减轻处

罚吗？》讨论，对基层安全生产行政处罚，如何行使自由裁量权，怎样正确理解和适用从轻和减轻处罚，提供了学习的平台。笔者经过认真学习和思考，认为对该加气站不能减轻处罚。

第一，适用从轻处罚或减轻处罚必须具备法定的条件。《中华人民共和国行政处罚法》（以下简称《行政处罚法》）第二十五条规定，已满十四周岁不满十八周岁的人有违法行为的，从轻或者减轻行政处罚。第二十七条第一款规定，当事人有下列情形之一的，应当依法从轻或者减轻行政处罚：主动消除或者减轻违法行为危害后果的；受他人胁迫有违法行为的；配合行政机关查处违法行为有立功表现的；其他依法从轻或者减轻行政处罚的。安监部门必须依照《行政处罚法》规定的上述五种情节适应从轻或者减轻处罚，而不能自由为之。

鄱阳加气站法定代表人在听证会现场，仍坚持“如果是接到处罚通知后还继续运营，这才是违法”，在认定违法所得时认为，“我们有违法行为，我们的违法所得在哪里？我们违法所得来什么东西……接到处罚后，我们马上停业了，损失是一天3000元。这个得的含义是什么”。这些言语反映出，到此为止，该法定代表人仍没有认识到行为的性质，根本没有真诚的悔过态度，不具备“主动”消除违法行为的情形。长沙市安监局考虑到该公司已在其他部门办理了一些手续，同时正在办理安全许可手续，认定有从轻情节，只在没收违法所得的基础上处以一倍的罚款已是最低底限。

第二，适应从轻或减轻处罚必须遵循合理原则。《行政处罚法》第四条规定：“设定和实施行政处罚必须以事实为依据，与违法行为的事实、性质、情节以及社会危害程度相当。”因此，我们在运用从轻、减轻处罚的手段时，必须坚持合理原则，注意综合考虑违法者违法行为的具体情况以及悔罪情节。

鄱阳加气站没有取得危险化学品经营许可证，擅自经营危险化学品，属于无证非法经营。按照《安全生产法》第八十四条和《危险化学品安全管理条例》第五十七条的规定，对这类非法行为法律责任的追究有三个内容，一是责令停止违法行为或者予以关闭，没收违法所得；二是处以罚款：违法所得十万元以上的，并处违法所得一倍以上五倍一下的罚款，没有违法所得，或者违法所得不足十万元的，单处或者并处二万元以上十万元以下的罚款；三是造成严重后果，构成犯罪的，依照刑法的有关规定追究刑事责任。

鄱阳加气站是“特殊行业”，更是经营危险化学品的“高危行业”，国家之所以抬高准入门槛，坚持关口前移，严格许可手续，在安全生产许可证未办之前不得经营，就是为了保障人民群众的生命和财产安全，实现公共安全。该加气站违法所得124.64万元，远远在十万元以上，给以没收违法所得，并处一倍罚款，实属从轻处罚的最底限。既符合立法目的，又坚持了过罚相当原则，

第三，适应从轻或减轻处罚必须坚持处罚与教育相结合的原则。《行政处罚法》第五条规定：“实施行政处罚，纠正违法行为，应当坚持处罚与教育相结合，教育公民、法人或者其他组织自觉守法。”

不论从轻还是减轻处罚，处罚只是手段，教育违法者纠正违法行为才是目的。因此，安监部门在依法查处无证非法经营行为时，实行查处与引导相结合、处罚与教育相结合，对于经营条件、经营范围、经营项目符合法律、法规规定的，应当督促、引导其依法办理相应手续，合法经营。但不能以此为借口，不顾法律规定，任意从轻或者减轻处罚。

同时，这一案例告诉也告诉我们，《行政处罚法》关于从轻处罚和减轻处罚的规定赋予了我们很大的自由裁量权，我们在安监行政处罚中具体运用这一权力时，必须遵循行政处罚的法定原则和公正原则。在执法实务中，迫切需要制定可操作的自由裁量规范。

安监部门能否处罚网吧

安监部门负有综合监管的职能，但不等于具有处罚主体的资格。《安全生产法》第九条和第五十六条规定，安监部门对安全生产工作实施综合监督管理，有关部门在各自的职责范围内对有关的安全生产工作实施监督管理。网吧的管理主体由文化、公安、工商等部门根据《互联网上网服务营业场所管理条例》进行，并依法对其违法行为作出处罚。也就是说，处罚网吧的主体是文化、公安、工商等部门，安监部门只能行使综合监管职能，指导、协调和监督上述部门做好网吧的安监工作，而不是网吧的处罚主体。

（《中国安全生产报》2008-12-23）

附全文

安监部门不是网吧的处罚主体

自从11月22日《中国安全生产报》三版刊登《安监部门能否处罚网吧》展开讨论以来，笔者一直关注讨论的最新动态，从中也学习了不少知识。但笔者认为，不论从职责权限，还是法定依据，安监部门都不能处罚网吧。

一、职权法定，安监部门不是网吧的主管部门

《国务院办公厅关于印发国家安全生产监督管理总局主要职责内设机构和人员编制规定的通知》（国办发〔2008〕91号）明确了安监总局的职责、内设机构和人员编制。安监总局的主要职责范围，主要在非煤矿山和危险化学品企业、烟花爆竹生产企业的安全生产管理以及工矿商贸行业的安全生产监督管理。其他领域的安全监管，国家安监总局三定方案（国办发〔2005〕11号）在其他事项指出，除工矿商贸行业外，交通、铁路、民航、水利、电力、建筑、国防工业、邮政、电信、旅游、特种设备、消防、核安全等有专门的安全生产主管部门的行业和领域的安全监督管理工作分别由公安、交通、铁道、民航、水利、电监、建设、国防科技、邮政、信息产业、旅游、质检、环保等国务院部门负责，国家安全生产监督管理总局从综合监督管理全国安全生产工作的角度，指导、协调和监督上述部门的安全生产监督管理工作，不取代这些部门具体的安全生产监督管理工作。

《互联网上网服务营业场所管理条例》第四条规定，文化行政部门负责互联网上网服务营业场所经营单位的设立审批，并负责对依法设立的互联网上网服务营业场所经营单位经营活动的监督管理；公安机关负责对互联网上网服务营业场所经营单位的信息网络安全、治安及消防安全的监督管理；工商行政管理部门负责对互联网上网服务营业场所经营单位登记注册和营业执照的管理，并依法查处无照经营活动；电信管理等其他有关部门在各自职责范围内，依照本条例和有关法律、行政法规的规定，对互联网上网服务营业场所经营单位分别实施有关监督管理。由此，网吧的安全监管部门是文化、公安、工商和电信部门。

根据职权法定原则和权责一致原则，网吧经营活动的监管检查应有文化、公安、工商和电信部门进行，其中消防安全的检查和处罚是公安部门的职权，安监部门不能超越权限，取代这些部门进行安全监管。

二、特殊法优于一般法，安监部门无处罚的法定依据

《互联网上网服务营业场所管理条例》第三十二条规定，网吧等互联网上网服务营业场所经营单位违反规定，利用明火照明或者发现吸烟不予制止，未悬挂禁止吸烟标志，允许带入或者存放易燃、易爆物品，在营业场所安装固定的封闭门窗栅栏，营业期间封堵或者锁闭门窗、安全疏散通道或者安全出口，由公安机关给予警告、罚款、责令停业整顿，直至由文化行政部门吊销《网络文化经营许可证》。其第三十三条规定更明确，经营单位违反国家有关信息网络安全、治安管理、消防管理、工商行政管理、电信管理等规定，尚不够刑事处罚的，由公安机关、工商行政管理部门、电信管理机构依法给予处罚；情节严重的，由原发证机关吊销许可证件。由此可见，根据2002年11月15日起施行的《互联网上网服务营业场所管理条例》，对网吧的处罚主体只有文化、公安、工商、电信等监管部门。这与2002年11月1日起施行的《安全生产法》的规定不但不相冲突，反而是一以贯之、相互一致的。《安全生产法》第二条规定，有关法律、行政法规对消防安全和道路交通安全、铁路交通安全、水上交通安全、民用航空安全另有规定的，分别适用其规定。与之相对应《安全生产法》第九十四条明确指出，有关法律、行政法规对行政处罚的决定机关另有规定的，依照其规定。这里的有关法律、行政法规，不言而喻是指消防、交通等特殊的法律法规。

根据特殊法优于一般法的原则，对网吧的处罚只能由有监管职权的监管部门依据《互联网上网服务营业场所管理条例》等法律法规进行处罚，安监部门不能依据《中华人民共和国安全生产法》施以处罚。

三、综合监管，不等于具有处罚主体资格

按照安监总局的“三定”方案，安监部门不但有综合监管职责，更要加强综合监管职能。但履行综合监管职能，只能是指导、协调和监督消防交通等专门监管部门的安全生产监督管理工作，不是直接去监督检查这些行业的生产经营单位的安全生产工作，更不是发现这些行业的违法行为就去处罚。网吧等其他行业的安全监管工作，由负有安全生产监管职权的部门依法履行职责，安监部门不能越位，更不能代替这些部门行使职权。

《安全生产法》第九条和五十六条作了明确规定，安监部门对安全生产工作实施综合监督管理，有关部门在各自的职责范围内对有关的安全生产工作实施监督管理，依法对生产经营单位执行有关安全生产的法律、法规和国家标准或者行业标准的情况进行监督检查，对依法应当给予行政处罚的行为，依照本法和其他有关的法律法规的规定作出处罚。也就是说，对于网吧的安全监管，由文化、公安、工商、电信部门根据《互联网上网服务营业场所管理条例》的规定加强监管，对依法应当给予处罚的行为，依法作出处罚。处罚网吧的主体只有文化、公安、工商、电信部门，安监部门行使综合监管职责，指导协调和监督的是上述监管部门，不直接监管网吧，更不是网吧的处罚主体。

安监部门既没有监管的职权，不是处罚的主体，又没有处罚的依据，所以不能对网吧进行处罚。安监部门要明确本部门的职责，科学认识和合理界定综合监管职责，严格依法行政，不能不作为，也不能乱作为。

安全监管行政处罚认定违法事实的几个问题

《行政处罚法》第四条规定："设定和实施行政处罚必须以事实为依据，与违法行为的事实、性质、情节以及社会危害程度相当。"实施行政处罚首先违法事实必须清楚。安全生产监管监察机构进行执法监察实施行政处罚正确认定违法事实必须明确以下问题。

第一，违法事实必须是违反安全生产法律法规规范的行为。对安全生产监管监察机构而言，法无许可即禁止。安全生产监管监察人员对行政相对人实施行政处罚必须符合法律法规的明确规定，也就是说行政相对人的行为必须是违反安全生产法律法规的违法行为。《安全生产法》《危险化学品安全管理条例》《烟花爆竹安全管理条例》《安全生产许可证条例》《安全生产违法行为性质处罚办法》等法律法规规章规定了多种安全生产违法行为，安全生产监管监察人员必须全面掌握法律法规的规定，明确安全生产违法行为的界定，准确把握各种违法行为的依据、性质以及处罚种类、有关规定、自由裁量和实施主体。

第二，违法事实实施主体必须是具有行政责任能力的公民、法人或者其他组织。《行政处罚法》规定，不满14周岁的人有违法行为的，不予行政处罚，责令监护人加以管教；已满14周岁不满18周岁的人有违法行为的，从轻或者减轻行政处罚。安全生产监管监察人员在执法监察、调查取证和进行行政处罚时，必须明确违法事实的实施主体是否具备行政责任能力。在执法监察、调查取证和进行行政处罚时必须取得公民、法人和其他组织具有法定效力的证件，比如公民的身份证、法人或者其他组织的工商营业执照等。

第三，违法事实必须是法律法规规定应予制裁的行为。《行政处罚法》第二十五条规定不满14周岁的人有违法行为的，不予处罚；第二十六条规定，精神病人在不能辨认或者不能控制自己行为时有违法行为的，不予行政处罚；第二十七条第二款规定，违法行为轻微并及时纠正，没有造成危害后果的，不予行政处罚。因此安全生产监管监察人员在执法监察、调查取证和进行行政处罚时，必须牢牢把握这些法律规定，在确认违法行为主体时，收集充分合法的证据，明确行为人是否具备责任能力。同时，确认行为人的违法行为是否符合上述第一项条件，即违法事实是否是违反安全生产法律法规规范的行为，这种行为是否是安全生产法律法规规定应予进行制裁。

只要某一行为同时符合上述三个构成要件，就应当对其实施行政处罚。当然，给予何种行政处罚以及处罚多少还要结合违法性质、情节以及社会危害程度，坚持过罚相当原则，正确行使自由裁量权。

（2010-02-11）

从安全生产法相关规定看安监人员的职责履行

《安全生产法》第七十七条规定：“负有安全生产监督管理职责的部门的工作人员，有下列行为之一的，给予降级或者撤职的行政处分；构成犯罪的，依照刑法有关规定追究刑事责任：（一）对不符合法定安全生产条件的涉及安全生产的事项予以批准或者验收通过的；（二）发现未依法取得批准、验收的单位擅自从事有关活动或者接到举报后不予取缔或者不依法予以处理的；（三）对已经依法取得批准的单位不履行监督管理职责，发现其不再具备安全生产条件而不撤销原批准或者发现安全生产违法行为不予查处的。”

上述规定不仅为安全生产责任追究提供了法律依据，也从反面为安全监管人员依法履行职责提供了最低标准。

第一，审批权的行使必须以达到法定安全生产条件为前提。至于法定的安全生产条件，不同的审批事项有不同的法律法规规定。《安全生产法》有规定，《行政许可法》有规定，《安全生产许可证条例》也有规定，《危险化学品安全管理条例》《烟花爆竹安全管理条例》等都有明确的规定。安全监管人员必须依据这项法律法规的规定依法行使审批权，严格依法履行职责。对不符合法定安全生产条件的生产经营单位，涉及安全生产的事项予以批准或者验收的，按照《安全生产法》第七十七条规定，属于失职渎职滥用职权，轻者给予降级或者撤职处分，重者构成犯罪的，依照刑法规定追究刑事责任。

第二，“打非”是安全生产监管监察的一项重要职责。上述《安全生产法》第七十七条第二项的规定，非常鲜明地表明依法取缔或者依法处理未经依法去得批准、验收的单位擅自从事有关活动，是安全生产监管部门的一项法定职责。《无照经营查处取缔办法》（国务院令第370号）第四条也有明确规定。在安全生产监管领域，涉及安全生产许可审批的危险化学品生产经营、矿山开采、烟花爆竹经营销售，不仅要监管取得安全生产许可证的生产经营单位，对未取得安全生产许可的单位也要纳入监管视野，采取强力措施，严厉打击，坚决取缔。

发现“应当取得而未依法取得许可证或者其他批准文件和营业执照，擅自从事经营活动的无照经营行为”，或者“超出核准登记的经营范围、擅自从事应当取得许可证或者其他批准文件方可从事的经营活动的违法经营行为”不予依法取缔，或者接到举报后不依法予以处理，其监管责任的追究，不仅《安全生产法》第七十七条有明确的规定，国务院令第370号令也有明确规定，“触犯刑律的，对直接负责的主管人员和其他直接责任人员依照刑法关于受贿罪、滥用职权罪、玩忽职守罪或者其他罪的规定，依法追究刑事责任；尚不够刑事处罚的，依法给予降级、撤职直至开除的行政处分”。

开展“打非”行动，必须提高认识，转变观念，克服错误思想，全面履行监管职责。

第三，动态监管是正确履行监管职责的必然要求。企业安全生产条件不是一成不变的，安全生产是持续不断的运动过程。生产安全事故隐患此消彼长，旧的隐患已整改，新的隐患马上会产生，生产安全就是在发现解决隐患的过程中实现的。

安全监管必须实行动态监控、系统管理，实施全员全方位全过程管理，严格法定程序法定时限，规范执法流程，规范执法文书，发现事故隐患，该责令整改必须下达责令指令书，到复查时间一定按时进行复查。发现安全生产违法行为，依法予以查处，不具备安全生产条件的撤销原批准。

这里的监管既包括许可审批，又包含监察。不论监管还是监察，安监人员尤其是安全执法监察人员必须熟悉许可审批的前提条件，明确许可审批的法定安全生产条件。在安全生产执法监察过程中，将取得批准单位的安全生产条件作为一项重要内容，发现其不再具备安全生产条件，及时向监管科室报送相关信息。安全监管科室根据监察人员提供的监察信息，加强监管，发现已批准单位不具备安全生产条件必须依法撤销原批准。安全监管科室要把具备安全生产条件而依法批准的单位通报安全监察人员，形成良性互动，互相配合，共同监管，全面履行监管职能。

安全监管监察人员依法履行职责必须全面掌握安全生产法律法规的规定，准确理解《安全生产法》第九条、五十六条等相关规定，严格按照“三定”方案的要求恪尽职守，尽职尽责，依法行政。

（2010-02-18）

学习《安全生产培训管理办法》的几点认识

2011年12月31日国家安全生产监督管理总局局长办公会议审议通过的《安全生产培训管理办法》（国家安全监管总局第44号令），2012年3月1日起施行。2004年12月28日公布的《安全生产培训管理办法》同时废止。加强安全生产培训管理，必须尽快学习新《安全生产培训管理办法》，按新《安全生产培训管理办法》开展工作。

新《安全生产培训管理办法》共8章、52条，与原《安全生产培训管理办法》相比，章节没变，内容有所增加，增加了13条、8款、17项。其特点如下：

一是提高了安全培训机构的准入条件。新《安全生产培训管理办法》将安全培训机构的资质证书分为三个等级，一级资质证书由国家安全监管总局审批、颁发，二、三级由省级安全监管部门或者煤矿安全监察机构审批、办法。与原《安全生产培训管理办法》相比，减少了四级培训资质证书。每级培训资质机构的条件更加严格，表现在三个方面：第一，必须能够独立或者经授权承担法律责任。第二，注册资金或者开办经费提高。一级由原先的100万元增至500万元，二级由原先的80万元增至300万元，三级由原先的50万元增至100万元。第三，师资要求更高。一级由原先的8名专职教师增至10名，二级由原先的5名专职教师增至6名；一级、二级和三级培训机构专职教师都要求有一定比例的注册安全工程师执业资格，分别是一级至少5名、二级至少3名、三级至少2名。同时，专职教师每年要接受不少于40学时的继续教育。此外，新《安全生产培训管理办法》还新增两条，对承担特种作业人员安全技术培训机构设定了条件。

二是对生产经营单位的人员培训提出新要求。新《安全生产培训管理办法》不仅扩展了安全培训的外延（第三条第二款，根据安全生产工作的开展，增加安全生产应急救援人员培训），而且在第三章“安全培训”部分，扩展了生产经营单位参加安全培训机构强制培训的对象。除依照有关法律、法规应当取得安全资格证的生产经营单位主要负责人外，以下人员必须参加培训：第一，安全生产管理人员；第二，井工矿山企业的生产、技术、通风、机电、运输、地测、调度等职能部门的负责人；第三，发生造成人员死亡的生产安全事故的企业主要负责人和安全生产管理人员，应当重新参加安全培训。

同时，新《安全生产培训管理办法》明确要求“生产经营单位应当建立安全培训管理制度，保障从业人员安全培训所需经费……从业人员安全培训情况，生产经营单位应当建档备查”。新增二十三条，设立师傅带徒弟制度：“国家鼓励生产经营单位实行师傅带徒弟制度。矿山新招的井下作业人员和危险物品生产经营单位新招的危险工艺操作岗位人员，除按照规定进行安全培训外，还应当在有经验的职工带领下实习满二个月后，方可独立上岗作业。”新增第二十四条：“国家鼓励生产经营单位招录职业院校毕业生。职业院校毕业生从事与所学专业相关的专业，可以免予参加初次培训，实际操作培训除外。”

三是安全培训考核更加严格。新《安全生产培训管理办法》第四章“安全培训的考核”对安全培训的考核要求更加严格。第一，统一计算机考核。采用“统一题库”，“分步推行有远程视频监视的计算机考试”。第二、取消县级安全监管部门的考核权限，把考核收至市级安全监管部门。新《安全生产培训管理规定》第三十条第三款规定：“市级安全生产监督管理部门负责本行政区域内除中央企业、省属生产经营单位以外的其他生产经营单位的主要负责人和安全生产管理人员的考核。”

四是坚持权利与义务相统一，加大行政处罚力度。对生产经营单位而言，与新《安全生产培训管理办法》第二十一、二十二条相适应，新《安全生产培训管理办法》第五十条设立四项罚则，并且明确规定“生产经营单位有下列情形之一的，责令改正，处3万元以下的罚款”，针对性强，便于操作，处罚力度大。对培训机构，与第二章相对应，第七章“法律责任”新增条文第四十七、四十八条，新增条款两款（第四十五条第二款、四十六条第二款），新增第四十五条第（一）项、第（四）项。这些内容，不仅坚持了权责一致原则，而且新增罚款规定，加大了违法成本。第四十五条，在原规定“责令限期改正”的基础上，增加“处1万元以下的罚款”；逾期未改正的，给予警告，由原规定的“处1万元以下”修改为“处1万元以上3万元以下的罚款”，加大了处罚力度。

（中国安全生产网2012-02-16）

特种作业人员安全培训需要明确的几个问题

国家安全监管总局《特种作业人员安全技术培训考核管理规定》（国家安全监管总局第30号令）2010年7月1日施行后，有关特种作业的培训的几个问题需要在实践中加以明确，保证安全培训依法进行。

一是特种作业人员的条件。与原国家经贸委第13号令相比，国家安全监管总局第30号令第四条特种作业人员的条件，在年龄上，除保留了年满18周岁的下限外，还设置了上限即不超过国家法定退休年龄。按照国家关于工人退休、退职的有关规定，工人退休年龄男满60周岁，女为50周岁。因此，在受理特种作业人员报名培训时，必须严格执行国家安全监管总局30号令的这一规定，超出年龄范围不能予以受理。

二是准确把握特种作业人员的范围。国家安全监管总局第30号令第二条第二款明确规定："有关法律、行政法规和国务院对有关特种作业人员管理另有规定的，从其规定。"根据这一规定，在掌握特种作业目录时，必须明确以下四个问题：

第一，电工作业中特种作业人员与电力系统进网作业人员。按照国务院第196号令《电力供应与使用条例》第三十七条："在用户受送电装置上作业的电工，必须经电力管理部门考核合格，取得电力管理部门颁发的《电工进网作业许可证》，方可上岗作业。"因此，国家安全监管总局部门规章第30号令《特种作业目录》明确了这一规定，电工作业是指对电气设备进行运行、维护、安装、检修、改造、施工、调试等作业（不含电力系统进网作业）。在开展电工作业特种作业人员培训时，电力系统进网作业的人员由电力管理部门培训考核，不在安全监管部门组织的电工特种作业人员范围之内。

第二，焊接与热切割作业特种作业人员与特种设备焊接作业人员。国务院第549号令《特种设备安全监察条例》第三十八条规定："锅炉、压力容器、电梯、起重机械、客运索道、大型游乐设施、场（厂）内专用机动车辆的作业人员及其相关管理人员（以下统称特种设备作业人员），应当按照国家有关规定经特种设备安全监督管理部门考核合格，取得国家统一格式的特种作业人员证书，方可从事相应的作业或者管理工作。”按照本条例和国务院职责分工，特种设备作业人员的培训考核由国家技术质量监督管理部门负责。国家安全监管总局第30号令规定，焊接与热切割作业是指运用焊接或者热切割方法对材料进行加工的作业（不含《特种设备安全监察条例》规定的有关作业）。因此，特种设备焊接作业（承压焊、结构焊）人员不在安全监管部门组织的焊工特种作业人员范围之内。

第三，金属非金属矿山爆破作业。国务院第466号令《民用爆炸物品安全管理条例》第三十三条规定：“爆破作业单位应当对本单位的爆破人员、安全管理人员、仓库管理人员进行专业技术培训。爆破作业人员应当经设区的市公安机关考核合格取得《爆破人员许可证》方可从事爆破作业。”按照国务院466号令的规定，从事爆破作业的单位必须向公安机关申请取得《爆破作业单位许可证》，到工商部门办理工商登记后，方可从事营业性爆破作业活动。爆破作业人员都是取得爆破作业单位许可证的专业人员，其他生产经营单位的人员不得从事爆破作业。因此，依据下位法服从上位法的法律适应原则，按照国家安全监管总局第30号令第二条第二款的规定，金属非金属矿山爆破作业人员取得爆破作业许可证即可从事爆破作业。

第四，高处作业特种作业人员。国务院393号令《建设工程安全管理条例》第二十五条规定：“垂直运输机械作业人员、安装拆卸工、爆破作业人员、起重信号工、登高架设作业人员等特种作业人员，必须按照国家有关规定经过专门的安全作业培训，并取得特种作业操作资格证书后，方可上岗作业。”国务院的这一行政法规并没有赋予建设主管部门登高架设作业人员特种作业操作资格证书的许可权，因此，建设领域的登高架设、起重信号工、爆破作业人员等特种作业人员的培训考核不在建设部门。有些地方的建设部门以本部门的部门规章为依据开展特种作业人员的培训考核，这是不符合法律法规规定的。按照行政许可法的相关规定，部门规章没有许可权。国办发〔2008〕91号《国务院办公厅关于印发国家安全生产监督管理总局主要职责内设机构和人员编制规定的通知》明确规定：“组织指导并监督特种作业人员（煤矿特种作业人员、特种设备作业人员除外）的考核工作和工矿商贸生产经营单位主要负责人、安全生产管理人员的安全资格（煤矿矿长安全资格除外）考核工作，监督检查工矿商贸生产经营单位安全生产和职业安全培训工作。”由此可见，除煤矿特种作业人员、特种设备作业人员以外的所有特种作业人员由安全监管部门组织指导并监督培训考核，这是国务院赋予国家安全监管部门的职责。

（2010-08-21）

如何规范执法监察的工作流程

规范执法监察的工作流程，不仅可以避免监察的随意性，还可以增强工作的透明度，使执法人员自觉接受监督，更好地为行政管理相对人服务。

笔者认为，规范监察流程，必须做到以下几个方面。

一是建立预先通知制度，防止生产经营单位被动应付，提高监督检查工作的实效性。预先通知制度就是在监察前通过书面文件或者电话、电子邮件等形式，通知检查的时间、项目、方法、程序等内容，让生产经营单位知其然知其所以然，搭建双方交流的平台，为落实两个主体责任奠定坚实的基础。

二是完善依法监察规程，防止监督检查人员违法执法，提高监察工作的文明程度。首先，佩戴安全防护用品，出示有效的执法证件，二人以上共同进行。其次，严格遵守预先通知的约定，说明情况，按既定的方案进行检查。第三，坚持原则，依法客观公正地作出检查记录，下达整改指令。

三是推行监督检查事务公开，自觉接受生产经营单位和人员的监督，提高检查工作的透明度。在检查准备阶段，除利用书面文件、电话、电子邮件公开具体的检查方案外，利用网站、政府公文、报纸等定期发布年度、季节等检查计划。在检查实施阶段，检查人员不仅要告知检查的依据，是法律法规规章还是国家标准或者行业标准，还要将相关的条文书面提供给生产经营单位。最后，书面留下检查人员的执法证号码和监督举报电话，接受生产经营单位监督。

四是试行平等的对话交流制度，防止粗暴执法，提高调查取证的真实性。整改复查后，很可能进入调查取证阶段，一般而言制作调查询问是必不可少的。询问与被询问的关系加上被询问人的心理，决定了场面和气氛是紧张严肃的。调查人员情绪稍稍不稳定，就可能造成被询问人极大的心理负担。所以，创造一种平等的对话交流环境是调查人员首先要做的一项工作。使用缓和的语气、中性的词汇、通俗的术语，这是调查取证的一项要求。严格履行法定程序，告知对方权利与义务，并真实贯穿于整个谈话过程，这是调查取证的一项原则。当然，做好大量的准备工作是基本前提。

总之，要树立监督检查就是服务的意识，遵章守制，提高监督检查的水平，为人民服务的层次就会不断提升。

（中国安全生产网2008-04-16）

规范使用新版行政执法文书

2010年7月15日国家安全监管总局印发《安全生产行政执法文书（式样）》的通知（安监总政法〔2010〕112号），对2006年印发的《安全生产行政执法文书（式样）》进行了修订。为保证执法文书的正确使用，我们必须认真学习，明确新版安全生产执法文书与旧版的区别，把握新版的特点与要求，规范使用执法文书，提高行政执法水平。

一、新版执法文书的特点

2010年执法文书与2006年执法文书相比，从种类、内容看有如下特点。

一是新增现场处理措施决定书。2006年安全生产行政执法文书有36种，2010年安全生产行政执法文书为37种，新增一种，即现场处理措施决定书，这是新版执法文书变化最大的表现。《安全生产法》第四章第五十六条第三项明确规定，负有安全生产监督管理职责的部门“对检查中发现的事故隐患，应当责令立即排除；重大事故隐患排除前或者排除过程中无法保证安全的，应当责令从危险区域内撤出作业人员，责令暂时停产停业或者停止使用；重大事故隐患排除后，经审查同意，方可恢复生产经营和使用。”《安全生产违法行为行政处罚办法》（国家总局第15号令）第三章第十四条对此进行了重申，并且明确规定，责令暂时停产停业、停止建设、停止施工或者停止使用的期限一般不超过六个月，为实施做了程序上的规定。《安全生产监管监察职责和行政执法责任追究的暂行规定》（国家总局第24号令）第二章第十条又对暂时停产停业、停止建设、停止施工或者停止使用的复查时限进一步进行了明确，要求“安全监管监察部门应当自收到申请或者限期届满之日起10日内进行复查，并填写复查意见书”。

二是新增救济权及其实施途径、时限。救济权是行政管理相对人一项法定的权利，行政管理部门行使职权，作出要求行政管理相对人履行一定义务的具体行政行为时，必须告之对方依法享有的权利以及行使权利的途径和时限。新版执法文书与旧版执法文书在内容上最大的不同就在于，新版执法文书在四类决定书上新增管理相对人权利及其途径、时限的内容。这四类决定书分别是先行登记保存证据处理决定书、现场处理措施决定书、责令限期整改指令书和强制措施决定书。新增的内容如同行政处罚决定书中的规定，即“如果不服本决定，可以依法在60日内向某某人民政府或者某某部门申请行政复议，或者在三个月内依法向某某人民法院提起行政诉讼，但本决定不停止执行，法律另有规定的除外”。

三是个别表述更科学合理。新版执法文书与旧版相比，在15处地方进行了修订，既有文书名称的修改，又有新增术语，还有字词变更，修改之后表述更科学，内容更规范，形式更合理。这些修订表现在如下之处：1.先行登记保存证据通知书，将旧版文书的“你（单位）__________行为”修订为“你（单位）涉嫌__________行为”。2.责令限期整改指令书。名称由原先的“责令改正指令书”修改为现在的“责令限期整改指令书”。因为新增现场处理措施决定书，立即整改的问题纳入现场处理措施决定书之中，所以“责令限期整改指令书”删去“现责令你单位对上述第__项问题立即整改”。在责令单位整改完毕之后，增加“达到有关法律法规规章和标准规定的要求”，在逾期不整改之后，增加“或达不到要求的”，使整改要求更有法规依据，行政处罚面更广，效果更强。3.鉴定委托书，鉴定结果加盖公章，改为加盖单位公章。4.行政处罚告知书，增加“本文书一式两份：一份由安全生产监督管理部门备案，一份交拟处罚当事人”。5.听证笔录，改主持人为听证主持人，听证人改为听证员。与此对应，听证会报告书，三处主持人改为听证主持人。6.行政（当场）处罚决定书（单位）、行政处罚决定书（单位），负责人改为主要负责人。7.延期（分期）缴纳罚款审批表、案件移送审批表，案由改为案件名称。

二、规范使用执法文书

规范使用执法文书是安全生产执法监察的重要内容，也是依法行政的重要保证。规范使用执法文书，必须加强学习，明确每类每种执法文书的一般要求，全面准确把握各项要素，确保执法文书的使用质量。同时，必须提高认识，转变观念，尽快熟悉新版文书与旧版文书的不同，克服惯性思维，避免使用旧版的习惯做法，尽快使用新版文书，熟练把握新版文书的基本要求。

规范使用执法文书，必须严格程序。根据执法文书规定的各项要素，按照行政执法的程序严格执法，该做的工作一步也不能少，该写的文书一项也不能漏，不能因为文书上有相关内容而省略应该履行的程序。

规范使用执法文书，必须勤于实践。坚持学习培训与执法实践的有机统一，在学中用，在用中学。通过执法监察岗位练兵活动，定期不定期举行执法文书使用竞赛、执法文书点评等活动，加大规范使用执法文书的学习培训力度，提高执法监察人员行政执法水平。

（中国安全生产网 2010-09-17）

实施查封、扣押不可缺少四种执法文书

《安全生产法》第五十六条规定："对有根据认为不符合保障安全生产的国家标准或者行业标准的设施、设备、器材予以查封或者扣押，并应当在十五日内依法作出处理决定。"《安全生产法》这一规定赋予了安全生产监督管理部门查封扣押的行政强制措施权，安监部门实施查封扣押必须规范使用执法文书。2010年7月15日国家安全监管总局《关于印发〈安全生产行政执法文书（式样）〉的通知》规定的执法文书式样，仅仅规定了行政强制措施决定书一种，在具体操作中，还有四种文书不可缺少。

一是查封扣押审批表。安全生产监督管理部门的查封扣押职权，从性质上属于行政强制措施。一般来说，行政强制应当经行政机关首长批准；对重大或者数额较大的财物实施行政强制，应当由有关行政机关负责人集体讨论决定。即使是实施暂时查封或者暂时扣押这种即时强制措施，在尽可能的情况下，也应事先报批。由于情况紧急来不及事先报批时，应当在即时强制后及时补办相关手续，而且在危急情形消失后应当立即取消强制措施。《安全生产法释义》在第五十六条解读查封扣押行政强制措施时指出，采取查封、扣押行政强制措施时，要经过部门负责人的批准。因此，实施查封、扣押必须履行审批手续，制作查封扣押审批表。

查封扣押审批表由案件基本情况、承办人意见和领导审批意见三部分组成。案件基本情况包括案由、当事人基本信息（单位名称、法定代表人或者主要负责人、地址、联系电话等），承办意见主要包括基本事实、法律依据、物品拟查封扣押地点、承办人签名、时间等，审批意见包括领导意见、领导签名以及时间等。

二是查封扣押物品清单。《安全生产违法行为行政处罚办法》（国家安监总局第15号令）第十五条第二款规定："实施查封、扣押，应当当场下达查封、扣押决定书和被查封、扣押的财物清单。在交通不便地区，或者不及时查封、扣押可能影响案件查处，或者存在事故隐患可能导致生产安全事故的，可以先行实施查封、扣押，并在48小时内补办查封、扣押决定书，送达当事人。”由此可见，实施查封、扣押这种强制措施时，在下达强制措施决定书的同时，必须当场制作查封扣押物品清单，并当场将查封扣押物品清单交当事人签收。

查封扣押物品清单一般要写明物品的名称、规格、数量、重量、产地等物品基本信息，查封扣押物品清单必须由执法人员、见证人员和当事人签字盖章，一式两份，有当事人和行政机关分别留存。

三是查封扣押物品处理审批表。《安全生产违法行为行政处罚办法》（国家安监总局第15号令）第十五条第一款规定：“对有根据认为不符合安全生产的国家标准或者行业标准的在用设施、设备、器材，安全监管监察部门应当依法予以查封或者扣押，并在15日内按照下列规定作出处理决定：（一）能够修理、更换的，责令予以修理、更换，不能修理、更换的，不准使用；（二）依法采取其他行政强制措施或者现场处理措施；（三）依法给予行政处罚；（四）经核查予以查封或者扣押的设备、设施、器材符合国家标准或者行业标准的，解除查封或者扣押。”根据这一规定，安监部门在实施查封、扣押十五日内必须对查封、扣押的物品作出处理决定，并将处理决定送达当事人。

与作出查封扣押决定必须先行进行审批一样，对查封、扣押物品作出处理决定，必须先进行审批，填写查封扣押物品处理审批表。查封扣押物品处理审批表样式和制作要求，与查封扣押审批表基本类同，在这里不再赘述。

四是查封扣押物品处理决定书。前述查封扣押审批表对应国家安全监管总局执法文书（式样）中的行政强制措施决定书，事实上为了更清晰更规范更易于操作，考虑到安全生产法律法规赋予安监部门的行政强制措施目前只有查封、扣押这一项，行政强制措施决定书具体为查封扣押决定书更为贴切。对应查封扣押决定书，按照执法程序，下达查封扣押决定书15日内，根据调查取证，经过上述查封扣押物品处理审批情况，制作下达查封扣押物品处理决定书。查封扣押物品处理决定书的核心内容在于，对查封、扣押的物品根据实际情况，按照《安全生产违法行为行政处罚办法》（国家安监总局第15号令）第十五条第一款规定所列四种处理方式作出处理。查封扣押物品处理一定要做，不能不了了之；并且一定要及时，不能超过时限，一拖再拖。

当然，在实施查封扣押强制措施时，还离不了采用查封扣押现场检查记录，还要借助勘验笔录、调查询问笔录、鉴定委托书等其他执法文书。总之，实施查封扣押，必要牢牢把握查封扣押的法律依据，始终明确查封扣押实施的前提条件是“有根据认为不符合保障安全生产”，因此采取查封、扣押措施一定要慎重，要严格依照法律法规规定，规范使用执法文书，在国家没有出台相关执法文书之前，可以参照总局先行登记保存证据审批表、清单、处理审批表、处理决定书的执法文书式样制作查封扣押的执法文书。

（2010-11-14）

执法检查是调查取证的前提条件

调查取证是办理行政处罚案件的关键环节，严格依法调查取证，必须处理好调查取证与执法检查、立案、证据的内容和形式之间的关系。

一、执法检查既是调查取证的前提条件，又是调查取证的必要途径

《安全生产违法行为行政处罚办法》第二十二条规定，除依照简易程序当场作出的行政处罚外，安全监管监察部门发现生产经营单位及其有关人员有应当给予行政处罚的行为的，应当予以立案，填写立案审批表，并全面、客观、公正地进行调查，收集有关证据。由此可以看出，行政处罚案件的一个重要来源便是执法检查，安全监管监察部门通过日常的执法检查发现生产经营单位及其有关人员有应当给予行政处罚的行为的，应当予以立案，进而步入调查取证的程序。这里必须明确，第一次执法检查是立案、调查取证之前的具体行政行为，它与调查取证过程中的执法检查虽然性质相同，但却有着不同的角色和地位。在行政处罚案件证据中的分量是不一样的。《安全生产违法行为行政处罚办法》第二十四条在讲到调查取证时规定，询问或者检查应当制作笔录。询问与检查是调查取证的两种必不可少途径。

二、立案是调查取证的前置程序

《安全生产违法行为行政处罚办法》第二十二条规定，除依照简易程序当场作出的行政处罚外，安全监管监察部门发现生产经营单位及其有关人员有应当给予行政处罚的行为的，应当予以立案，填写立案审批表，并全面、客观、公正地进行调查，收集有关证据。《国家安全监管总局国家煤矿安监局关于进一步规范安全生产行政执法工作的指导意见》也指出，除依照行政处罚法可以当场作出行政处罚决定的外，安全监管监察部门办理行政处罚案件必须经过立案程序。这都明确规定了调查取证必须首先经过立案审批程序。这一前置程序有两种例外情形，即依照简易程序当场作出的行政处罚和对确需立即查处的安全生产违法行为，可以先行调查取证，但后一情形必须在5日内补办立案手续。

三、证据的内容和形式既要合法，又要真实且具有关联性

《安全生产违法行为行政处罚办法》第二十四条对询问和检查记录作出了规定，第二十五条对原始凭证作出了具体要求，第二十六条规定了收集证据的两种方法：抽样取证和先行登记保存的方法，第二十七条对勘验笔录作出了明确要求。上述这些规定和要求，作为行政处罚案件的基本证据，我们在调查取证中，应根据案件的实际情况，尽可能全面、客观、公正地收集。

与此同时，还必须把握以下三个方面的内容。

第一，收集证据的核心和目的在于证明应当给予行政处罚的行为的违法性。因此，收集证据必须紧紧围绕这一核心进行调查，牢牢抓住能够反映案情的一切线索，周密计划，认真分析，保持清晰的思路，弄清事件的脉络，不可颠三倒四，不着边际。

第二，确凿充分是收集证据的目标。《最高人民法院关于行政诉讼证据若干问题的规定》第一条规定，根据行政诉讼法第三十二条和第四十三条的规定，被告对作出的具体行政行为负有举证责任。第六十条指出，被告及其诉讼代理人在作出具体行政行为后或者在诉讼程序中自行收集的证据不能作为认定被诉具体行政行为合法的依据。所以，在调查取证中，想方设法把方方面面与案件有关的各种证据取齐取足，把能考虑到的各种因素全部考虑到前面，这是必须坚持的一项原则。

第三，严格程序。必须严格按照法律、法规、规章规定的步骤、方式、顺序和期限进行。

（中国安全生产网2008-05-05）

调查取证中值得注意的几个问题

调查取证是安全生产执法监察，尤其是安全生产行政处罚过程中一个非常重要的环节和步骤。在安全生产执法实践中，严格依法行政，必须注意以下问题。

第一，严格行政执法程序。按照《行政处罚法》和《安全生产违法行为行政处罚办法》的规定，必须由两名以上安全生产执法监察人员，并且两人都有有效的执法资格证。《国家安全监管总局国家煤矿安监局关于进一步规范安全生产行政执法工作的指导意见》第（二）部分指出，在调查取证或者执法检查中，执法人员不得少于两人，并向当事人或者有关人员出示行政执法证件，表明执法身份，并记录在有关执法文书当中。

第二，调取能够证明案件事实的相关证据，尽可能地邀请当事人、在场人签字，如在场人、当事人不签字，邀请基层组织代表签字。

第三，证据要确凿充分。尽量采取现场勘验检查、照相、录像形式固定或者还原原现场，勘验检查、照相、录像必须全面真实地反映原貌。照相、录像时要找准参照物，能让别人通过参照物，看清照相、录像所反映的现场是何处。

第四，证人作证并无强制性。找证人作证，首先要征得证人的同意。其次，告知证人权利和义务，合法权利受保护。最后，应问清证人是亲眼所见还是听别人转述。按照证据的相关规定，亲眼所见，是直接证据；听别人转述，属于传来证据、间接证据，需要再核实，否则证据不充分。询问的内容必须完整，必须紧紧围绕违法行为的性质、事实、情节和社会危害程度展开详细询问，不能断章取义。

第五，《国家安全监管总局国家煤矿安监局关于进一步规范安全生产行政执法工作的指导意见》指出，实行证据先行登记保存的，应当开列证据物品清单，并在法定期限内对登记保存的证据及时作出处理决定。按照行政处罚法第三十七条的规定，遵守这一规定，对证据先行登记保存，必须经机关负责人批准，严格履行相关的手续，并应在七日之内作出处理决定。特别要引起注意的是，先行登记保存，应当慎重，不能滥用。

（中国安全生产网2008-09-03）

执法检查复查环节应注意的几个问题

“复查”是安全生产监督检查的关键环节，笔者认为，复查环节应注意以下几个问题。

第一，复查应及时进行。2008年1月1日起施行的《安全生产违法行为行政处罚办法》（国家安全生产监督管理总局第15号令）第十六条指出，“整改、治理限期届满的，安全监管监察部门应当自申请或者限期届满之日起10日内进行复查，填写复查意见书，由被复查单位和安全监管监察部门复查人员签名后存档。逾期未整改、未治理或者整改、治理不合格的，安全监管监察部门应当依法给予行政处罚。”由此可见，复查必须按照一定的时限进行。

第二，复查意见应客观公正。《安全生产违法行为行政处罚办法》（国家安全生产监督管理总局第15号令）第十六条指出：“安全监管监察部门应当自申请或者限期届满之日起10日内进行复查，填写复查意见书……逾期未整改、未治理或者整改、治理不合格的，安全监管监察部门应当依法给予行政处罚。”由此可见，复查意见必须根据复查的实际情形，整改、治理合格的签署整改或治理合格意见，未整改、未治理应如实签署未整改、未治理结论，安全监管监察部门应当依法给予行政处罚。

第三，根据复查意见，客观公正地出具执法文书。整改合格，到此为止。逾期未整改、未治理或者整改、治理不合格的，按照《安全生产违法行为行政处罚办法》，安全监管监察部门应当依法给予行政处罚。所以，安全生产监督执法人员不仅要在复查意见书中写明继续整改的意见或者重新下达责令改正指令书，而且还应该按照安全生产法和行政处罚法予以立案。

第四，严格按程序办事。可以说，复查是检查与处罚的关键环节、衔接环节和中间环节。依据复查出的实际情况，尤其是安全监管监察部门应当依法给予行政处罚的情形，经过法定的立案程序，根据复查中发现的逾期未整改、未治理或者整改、治理不合格的客观事实，进行全面、客观、充分的调查取证，然后根据调查取证的事实，决定是否给予行政处罚。复查的重要作用不仅在于证明安全生产监督执法人员是否尽职，更在于生产经营单位是否应给予行政处罚。

作为安全生产监督检查的关键环节，“复查”不但能考验执法人员的执法水平，也能检验生产经营单位管理人员的管理能力和执行力。

（中国安全生产网2008-07-17）

安全生产执法监察应当注意的细节问题

笔者认为，在安全生产执法监察中，要注意以下细节问题。

其一，规范执法监察的流程。执行监督检查任务时，必须出示有效的监督执法证件；对涉及被检查单位的技术秘密和业务秘密，应当为其保密。

其二，规范安全生产执法监察的语言。规范执法监察的书面语言，严格以法律法规规章和国家标准或行业标准的术语为准绳，根据生产经营单位的具体实际，准确表述。

其三，复查应及时进行。2008年1月1日起施行的《安全生产违法行为行政处罚办法》（国家安全生产监督管理总局第15号令）第十六条指出，“整改、治理限期届满的，安全监管监察部门应当自申请或者限期届满之日起10日内进行复查，填写复查意见书，由被复查单位和安全监管监察部门复查人员签名后存档。逾期未整改、未治理或者整改、治理不合格的，安全监管监察部门应当依法给予行政处罚。”

其四，规范案件办理环节。《国家安全监管总局国家煤矿安监局关于进一步规范安全生产行政执法工作的指导意见》（安监总政法〔2007〕193号）指出，安全监管监察部门在调查取证过程中，要听取当事人的陈述，并调取其他能够证明案件事实的相关证据，做到证据确凿充分。仅有当事人陈述而无其他证据证明的，不得定案。依法调查取证，想方设法多方取证，既要做调查询问笔录，又要做现场勘验记录，还要寻求物证、书证、视听资料等多种证据。在收集证据时，注意突出证据的关联性、真实性和合法性。

其五，完善执法文书送达程序。《安全生产违法行为行政处罚办法》（国家安监总局第15号令）第三十条对执法文书送达程序做了明确的规定。送达文书应由受送达人签字或盖章。遵照这一规定，送达执法文书，首先要明确受送达人是法人、其他组织还是个人。受送达人是法人或者其他组织的，应当由法人的法定代表人、其他组织的主要负责人或者该法人、组织负责收件的人签收；受送达人是个人的，本人不在的，交他的同住成年家属签收，并在行政处罚决定书送达回执的备注栏内注明与受送达人的关系。

上述这种直接送达的方式没有什么问题。问题的关键在于，采取留置送达的时候，特别要注意以下问题：第一，必须是当事人或者他的同住成年家属在现场；第二，受送达人或者他的同住成年家属拒绝接受。这两个条件缺一不可。否则，送达无效。处罚决定书的送达，应当在宣告后当场交付当事人才能按上述程序完成送达。

（2008−07−27）

安全生产执法实施查封、扣押须注意的问题

《安全生产法》第五十六条第四项明确规定，安全生产监督管理部门对生产经营单位依法进行监督检查，具有查封、扣押的法定职权。笔者认为，安全生产监督管理部门和安全监察人员行使这一职权，必须注意以下问题。

第一，采取查封、扣押等行政强制措施必须“有根据”。《安全生产法》第五十六条第四项指出，对有根据认为不符合保障安全生产的国家标准或者行业标准的设施、设备器材予以查封或者扣押。对设施、设备、器材是否符合保障安全生产的国家标准或者行业标准不能判定，那就不能贸然采取查封、扣押措施。设施、设备、器材是否符合保障安全生产的国家标准或者行业标准，原则上应以具有法定资质的检验检测机构出具的检验、检测报告为准。

第二，采取查封、扣押的对象只能是设施、设备、器材。并且只能是不符合保障安全生产的国家标准或者行业标准的设施、设备器材，其他的任何物品不在查封、扣押的范围。

第三，采取查封、扣押，必须按法定程序制作行政强制措施决定书和查封、扣押清单。收集“根据”材料，向负责人书面或者口头报告，并填写审批表，经负责人批准后制作行政强制措施决定书和查封、扣押清单，并按法定程序送达。

第四，对查封、扣押的设施、设备、器材，及时作出处理决定。《安全生产法》第五十六条第四项规定，查封或者扣押，应当在十五日内依法作出处理决定。对有关设备、器材等，能够检修、更换的，责令检修、更换；不能检修、更换的，责令销毁；对有关设施，能够整改的，责令整改；需要给予行政处罚的，依法作出处罚决定。

（中国安全生产网 2008-08-05）

安全监管监察照相录像需注意的几个问题

安全生产监管监察过程中，照相录像不仅可以如实留下监察的痕迹，为执法监察建档积累素材，而且能为办理案件提供直观的证据。在实际监管监察中，为更好地发挥照相录像的作用，笔者认为，需要注意以下几个问题。

一是明确监管监察的类别和目的。明确是初次监察、复查，还是案件调查、检查，或者是行政文书的送达，根据监管监察的这些不同类别，确定照相录像的目的。

二是坚持合法性原则。《最高人民法院关于行政诉讼证据若干问题的规定》第五十七条规定，严重违反法定程序收集的证据材料和以偷拍、偷录、窃听等手段获取侵害他人合法权益的证据材料不能作为定案依据。在监管监察中，照相录像必须严格按照法定程序，公开进行，必须充分尊重和保障当事人的合法权益。

三是把握执法程序。照相录像必须把执法监察的执法流程，尤其是执法的法定程序体现出来。两人出示执法证件，文书送达当事人签收，送达人宣读处罚决定书当场送达等法定的程序和环节必须毫无遗漏地充分展现出来。

四是突出重点。按照监管监察的类别，把握不同的侧重点。初次监察的重大隐患，复查中未改正的问题，文书送达的当事人是否合格，程序是否合法，场所是否合适等，必须根据每次监察的不同内容，确定重点。照相录像时必须紧紧围绕这一重点和核心展开工作。

五是掌握技术。要掌握与生产经营单位沟通的艺术，打消当事人的反感和顾虑，关键在宣传，在于双方的理解和配合。掌握照相录像技术，更利于保证实现预期的目的。

六是制作文字说明。按照监管监察的时间、地点、监察的单位、检查的内容、过程、目的，如实以书面形式作出说明。如果属于案件的证据，必须按照照相录像视听资料的证据要件要求，做到合法性真实性的统一，同时注明制作方法、制作时间、证明对象、制作人等。

（中国安全生产网2008-07-29）

安全生产监督检查应当保持连续性

安全生产监督管理部门履行监督检查职责，依法对生产经营单位执行安全生产的法律、法规和国家标准或者行业标准的情况进行监督检查，坚持依法行政原则，必须保持检查的连续性。

进入生产经营单位进行检查，根据检查中发现的安全生产违法行为和事故隐患情况，下达现场检查记录和责令改正指令书，当场予以纠正、责令立即排除或者合理确定改正的期限，责令生产经营单位限期改正。

按照期限，准时对生产经营单位进行复查，或者根据生产经营单位的申请，在申请之日的10天之内及时复查，出具复查意见书。这是新修订的《安全生产违法行为行政处罚办法》第十六条明确规定的，“生产经营单位提出复查申请或者整改、治理限期届满的，安全监管监察部门应当自申请或者限期届满之日起10日内进行复查，填写复查意见书，由被复查单位和安全监管监察部门复查人员签名后存档。逾期未整改、未治理或者整改、治理不合格的，安全监管监察部门应当依法给予行政处罚”。

复查意见书在全面裁量生产经营单位改正责令改正书所列问题的情况之后，对未改正的问题，应当给出责令生产经营单位继续改正的意见，以避免出现监督检查和生产经营单位改正问题的“真空”。

在复查阶段发现的安全生产违法行为，很可能进入安全生产违法行为行政处罚一般程序，立案调查取证阶段。针对复查未改正的问题，立案之后的调查取证，要根据问题的情形和性质，确定调查的重点和证据的内容、形式。

调查取证结束，按照案件的不同情形，根据《安全生产违法行为行政处罚办法》第二十八条的规定，根据不同情况，分别作出行政处罚、不予行政处罚、不得给予行政处罚、移送司法机关处理的决定。

值得注意的是，《安全生产违法行为行政处罚办法》第五十四条第（三）项规定，拒不整改或者整改不力，其违法行为呈持续状态的，应当从重处罚。

因此，我们办理这一类行政处罚案件，必须对其违法行为的持续状态，调取确凿的证据。这需要执法检查的各个环节必须要环环相扣，不可脱节，保持连续性。尤其在检查与复查，复查与复查之后发现违法行为的调查这两个衔接点，特别要引起高度重视。

（中国安全生产网 2008-05-27）

行政处罚证据的内容和形式应当符合法定要求

《国家安全监管总局国家煤矿安监局关于进一步规范安全生产行政执法工作的指导意见》（安监总政法〔2007〕193号）指出，严格依法调查取证。证据的内容和形式应当符合《行政诉讼法》和有关司法解释规定的要求。办理行政处罚案件，调取的相关证据，必须明确证据的法定形式和基本要求。

一、行政处罚案件证据形式必须符合法定条件

任何证据都是形式和内容的统一。所谓证据的内容是指案件的事实。证据的形式则是指案件的事实的外在表现方式，是审查判断证据可采信的重要内容和途径。证据材料能否作为证据被采用，除内容因素外，一定程度上也取决于证据形式是否符合法定条件。

勘验笔录以及行政执法人员在执法过程中当场进行调查、处理、处罚而制作的文字材料属于现场笔录。采集这类证据应当载明时间、地点和事件等内容，并由执法人员和当事人签名。当事人拒绝签名或者不能签名的，应当注明原因。有其他人在现场的，可由其他人签名。

询问、陈述、谈话类笔录属于书证。这类证据是以文字、符号、图画等所表达和记载的思想内容证明案件待证事实的书面文件或其他物品。采集这类证据应根据不同的形式把握各自的法定条件。调取原件或与原件核对无误的复印件、照片、节录本；应当注明出处并经核对无异后加盖印章；报表、图纸、账册、科技文献应有说明材料；询问、陈述、谈话类笔录，应当由执法人员、被询问人、陈述人、谈话人签名或盖章。以其存在形式、外部特征、内在属性证明案件待证事实的实体物和痕迹的证据属于物证。采集物证应调取原物，确有困难的可以调取与原物核对无误的复制件或该物证的照片。

录音、录像证据属于视听资料证据。采集这类证据应调取原始载体或复制件；注明制作方法、制作时间、证明对象、制作人等；声音资料应附有该声音内容的文字记录。运用专门知识或技能，对某些专门性问题进行分析、判断后所作出的结论意见属于鉴定结论。采集这类证据应当载明委托人和委托鉴定的事项、向鉴定部门提交的相关材料、鉴定的依据和使用的科学技术手段、鉴定部门和鉴定人鉴定资格的说明，并应有鉴定人的签名和鉴定部门的盖章。通过分析获得的鉴定结论，应当说明分析过程。

二、行政处罚案件证据必须符合法定要求

合法性、真实性和与待证事实的关联性是行政处罚案件证据必须具备的基本要求。

调查收取证据必须遵循法定的程序、方法、权限、时限、顺序和权限。按照《最高人民法院关于行政诉讼证据若干问题的规定》"证据的审核认定"第五十五条至六十二条的内容，调取行政处罚案件的证据必须以证明的案件事实为核心，围绕合法、真实全面、客观和公正地分析判断，调取与案件事实之间有关联性的证据材料。保证证据的合法性。证据必须符合法定形式；证据的取得必须符合法律、法规、司法解释和规章的要求；同时要明确违反法律禁止性规定或者侵犯他人合法权益的方法取得的证据，不能作为认定案件事实的依据。譬如以偷拍、偷录、窃听等手段获取侵害他人合法权益的证据材料；以利诱、欺诈、胁迫、暴力等不正当手段获取的证据材料等都不能作为行政处罚案件的证据。

保证证据的真实性。证据形成的原因、客观环境；证据是否为原件、原物，复制件、复制品与原件、原物是否相符；提供证据的人或者证人与当事人是否具有利害关系等这些问题都是收集证据所必须考虑周密并且在调取证据时必须想方设法做到的。保证证据的关联性。调查取证严格按照事前计划，紧紧围绕案件事实收集证据；分析思考运用逻辑推理和生活经验，进行全面、客观和公正地分析判断，确定证据材料与案件事实之间的证明关系，排除不具有关联性的证据材料，准确认定案件事实。要做到这两点，收集证据，务必全面，实现证据材料的"大量的"和"合乎实际的"要求；分析证据，务必深刻，实现证据材料的"由此及彼"和"由表及里"的要求。

（中国安全生产网2008-05-13）

执法检查的基本原则和具体要求

负有安全生产监督管理职责的部门依法对生产经营单位进行监督检查是安全生产法赋予的职权。但有权必有责，用权受监督。负有安全生产监督管理职责的部门行使职权时，必须坚持依法行政的原则。在安全生产领域，贯彻安全生产法，全面落实依法行政原则，必须明确安全生产执法检查的基本原则和具体要求。

一、联合执法是安全生产执法检查的基本原则

《安全生产法》第六十条规定，负有安全生产监督管理职责的部门在监督检查中，应当互相配合，实行联合检查；确需分别进行检查的，应当互通情况，发现存在的安全问题应当由其他有关部门进行处理的，应当及时移送其他有关部门并形成记录备查，接受移送的部门应当及时进行处理。这非常清楚地表明了各职能部门联合检查是执法检查的基本原则，各自进行的专项检查是例外，并且这种例外也只有在“确需”的情形之下方可进行。

《安全生产法》以安全生产领域综合性基础性法律的形式作出这样的规定，其出发点和目的很明确，安全生产执法检查始终以经济发展为中心，检查服务于经济发展，促进经济发展，而不能干扰经济发展。《安全生产法》第五十六条第二款又将这一目的突出出来加以强调，“监督检查不得影响被检查单位的正常生产经营活动”。

我们在制定检查方案时，必须合理规划，科学确定检查的时间和次数，与相关的职能部门协同一致，发挥整体优化效应，建立联动执法机制。

二、依法、全面、严格、公正是安全生产执法检查的具体要求

其一，依法是基本前提。执法检查的主体、职权、内容、责任等都由法律规定。执法检查必须在法律的范围内进行。离开《安全生产法》和与之相对应的法规、规章、国家标准或者行业标准，检查成了无源之水无本之木。《国家安全监管总局国家煤矿安监局关于进一步规范安全生产行政执法工作的指导意见》指出，各级安全监管监察部门必须严格依照和遵守法律、法规、规章规定的权限开展行政执法活动，履行好法定职责，做到不越位、不缺位、不错位。

其二，坚持检查的全面性。执法检查既要检查生产经营单位履行国家法律法规和规章规定的基本义务的情况，又要检查生产经营单位遵守国家标准和行业标准的情况。保持安监部门检查的严肃性，不能你来检查一个问题，我来检查又一个文书，前后文书内容不一，整改时限冲突等，让生产经营单位无所适从。作为安全生产执法监察人员既要熟悉执法的各种依据，又要严格掌握执法检查的基本原则，既不能失职渎职，又不能越权，更不能视法律法规为儿戏，要在法律法规规章和国家标准、行业标准的范围内全面而规范地检查。《安全生产法》第五十六条第一款不仅界定了安全生产执法监察人员的职权，也规定了安全生产执法监察的范围。按照职权法定的原则，执法检查必须坚持这一原则。

其三，严格检查。执法必严，这是所有执法人员必须坚持的基本原则。推进依法治安，实施重典治乱，实现安全发展，提升安全生产监管监察执法机关执行力和公信力，必须严格执法。严格遵守职权法定的原则，做可做之事，说应说之话，写应写之语。严格遵守处罚法定的原则，严格依照和遵守法律、法规、规章规定的权限开展行政执法活动，履行好法定职责，做到不越位、不缺位、不错位。凡是没有法律、法规或者规章的规定，安全监管监察部门及其执法人员不得作出影响公民、法人和其他组织合法权益或者增设公民、法人和其他组织义务的决定。严格行政执法程序，严格按照法律、法规、规章规定的步骤、方式、顺序、期限进行。

其四，公正是执法检查的灵魂。安全生产执法检查必须坚持公开、公平、公正原则，做到同等情形同等对待，不可搞歧视待遇。检查同一类单位必须一视同仁，不可三六九等，有所差别。合理使用行政执法自由裁量权。实施行政处罚必须以事实为依据，与违法行为的事实、性质、情节以及社会危害程度相当。可以采用多种方式实现行政执法目的的，应当避免采用损害当事人权益的方式。

（中国安全生产网2008-04-24）

办理行政处罚案件值得注意的细节问题

安全生产行政执法工作中存在一些不容忽视的问题，有的行政处罚证据不足，有的程序不对，有的行政执法文书送达不够准确，这些现象时有发生。这些问题的存在削弱了安全生产行政执法部门的执行力和公信力，降低了行政执法力度，影响了依法治安、重典治乱的实施。提高安全生产行政执法能力和水平，必须在行政执法的细节上下功夫。

一是严格依法调查取证，想方设法多方取证，突出证据的关联性、真实性和合法性。《国家安全监管总局国家煤矿安监局关于进一步规范安全生产行政执法工作的指导意见》（安监总政法〔2007〕193号）指出，安全监管监察部门在调查取证过程中，要听取当事人的陈述，并调取其他能够证明案件事实的相关证据，做到证据确凿充分。仅有当事人陈述而无其他证据证明的，不得定案。为避免仅有当事人陈述而证据不足不能定案的情形出现，在调查取证过程中，不仅要做现场检查记录、调查询问笔录，还要采用音像材料记录当时的实际情形，必要时可以采取证据保存清单等形式保存证据。值得特别注意的是不论做现场检查记录、调查询问笔录，还是录像、证据先行保存，都要紧紧围绕立案的目的，抓住所有能够反映案情的疑点，逐一调查取证，不可遗漏任何一点可疑之处。同时要保持证据之间的关联性。要做到这几点，制定详细的调查取证计划是十分重要的。

二是完善执法文书送达程序。《安全生产违法行为行政处罚办法》（国家安监总局第15号令）第三十条对执法文书送达程序做了明确的规定。送达文书应由受送达人签字或盖章。遵守这一规定，送达执法文书，首先要明确受送达人是法人、其他组织还是个人。受送达人是法人或者其他组织的，应当由法人的法定代表人、其他组织的主要负责人或者该法人、组织负责收件的人签收；受送达人是个人的，本人不在的，交他的同住成年家属签收，并在行政处罚决定书送达回执的备注栏内注明与受送达人的关系。上述这种直接送达的方式没有什么问题。

问题的关键在于，采取留置送达的时候，特别要注意以下问题：第一，必须是当事人或者他的同住成年家属在现场；第二，受送达人或者他的同住成年家属拒绝接受。这两个条件缺一不可。否则，送达无效。在实际工作中，有不少同志将法人、其他组织和个人混为一谈，认为只要当事人现场有工作人员，或者有收发部门，就可以留置送达，这是不正确的。只有法人的法定代表人、其他组织的主要负责人或者该法人、组织负责收件的人拒绝签收，才可以这样送达。

三是处罚决定书的送达，应当在宣告后当场交付当事人才能按上述程序完成送达。这是《行政处罚法》第四十条明确规定的：行政处罚决定书应当在宣告后当场交付当事人；当事人不在场的，行政机关应当在七日内依照《民事诉讼法》的有关规定，将行政处罚决定书送达当事人。《安全生产违法行为行政处罚办法》第三十条再次明确了这一内容。如果不宣告行政处罚决定书，又没当场送达，那属于程序不合法，同样是送达无效。《国家安全监管总局国家煤矿安监局关于进一步规范安全生产行政执法工作的指导意见》（安监总政法〔2007〕193号）在“（三）严格行政执法程序，保障当事人合法权益”部分指出，安全监管监察部门开展行政执法工作，必须严格按照法律、法规、规章规定的步骤、方式、顺序、期限进行。我们在执法办案过程中，一定严格依法行政，在法律、法规、规章规定的步骤、方式、顺序、期限上，一定严而又严，细而又细，绝不能因为我们的疏忽大意而削弱安全生产行政执法部门的执行力和公信力。

（中国安全生产网2008-04-20）

拒不执行监管监察指令案件的执法要点

安全生产执法监察中，常常遇到生产经营单位拒不执行安全监管监察部门及其行政执法人员安全监管监察指令的情形。适用《安全生产违法行为行政处罚办法》办理这类案件，有的对拒不执行监管监察指令存在认识误区，有的处罚畸轻畸重，有的重复处罚。笔者认为拒不执行监管监察指令案件处罚的法律适用，既要全面定性，又要准确定量，还要处罚适当。

其一，全面定性。拒不执行监管监察指令，即相对于生效的决定而言没有执行，相对静止，不作为。不仅如此，在实际监管监察中，我们常常碰到这样一种情况，生产经营单位不是不执行监管监察指令，而是没有全部执行，只是整改了其中的一个或者几个简单的小问题。这种情况被视为拒不执行监管监察指令，该生产经营单位有关人员就会意见颇多，抵触情绪高涨。那么这种情形到底如何界定呢？笔者认为，应该归于拒不执行监管监察指令这一类行为。《安全生产违法行为行政处罚办法》第五十四条第三项指出，拒不整改或者整改不力，其违法行为呈持续状态的，应当从重处罚。据此，我们可以得出结论：拒不执行监管监察指令包括拒不整改和整改不力两种情形。

之所以这样要求生产经营单位和生产经营单位的有关人员，问题的关键就在于生产经营单位和生产经营单位的有关人员有积极实施特定行为的义务，这是《安全生产法》和相关法律法规所明确规定的，是生产经营单位贯彻“安全第一、预防为主、综合治理”方针，落实安全生产主体责任所必须的。“应当为而不为之”或者应当为而为之不彻底，根据《安全生产违法行为行政处罚办法》就应负相对应的行政责任。

其二，准确定量。准确裁量生产经营单位和生产经营单位的有关人员，没有履行哪些义务，哪些义务履行不力。在这些义务显现的问题中，哪些属于一般事故隐患，哪些属于较大事故隐患，又有哪些属于重大事故隐患或者危险源。对于丝毫未改、基本改完、全部整改的，对于一般事故隐患、较大事故隐患、重大事故隐患或者危险源未改或整改不力的，对于拒不整改或者整改不力呈持续状态的，按照“行政处罚应当与安全生产违法行为的事实、性质、情节以及社会危害程度相当”的原则，给予不同的行政处罚。属于从重处罚的，应当从重处罚。应该合并处罚的，分别裁量，合并处罚。

准确定量还必须注意以下两个问题。首先，既然生产经营单位履行的是法律法规明确规定的义务，我们下达监管监察指令时，务必坚持两个原则：对于行政执法人员而言，职权法定即法无许可即禁止；而对于公民而言，则是法无禁止即许可。我们按照职责权限下达的整改指令，一定是《安全生产法》和相关的法律法规或者国家标准行业标准明确规定的事项，一定按照法规术语规范表述，比如生产经营单位的主要负责人未建立健全本单位的安全生产责任制等，既要让生产经营单位明白它的义务，积极履行它的义务，也要有助于我们接受监督，防止超越职权。其次，建立裁量理由说明制度。《国家安全监管总局国家煤矿安监局关于进一步规范安全生产行政执法工作的指导意见》（安监总政法〔2007〕193号）指出，行政机关行使自由裁量权的，应当在行政决定中说明理由。

其三，处罚恰当。首先，认定行政管理相对人一定要正确。2008年1月1日起施行的《安全生产违法行为行政处罚办法》第六十七条指出，本办法所称的生产经营单位，是指合法和非法从事生产或者经营活动的基本单元，包括企业法人、不具备企业法人资格的合伙组织、个体工商户和自然人等生产经营主体。

在实际执法过程中，有些同志根据这一定义，适用拒不执行监管监察指令案件行政处罚时，不分生产经营单位的具体情况，一律实行双罚制，即既罚生产经营单位又罚生产经营单位的主要负责人，这是不正确的。

第一，按照民法通则，上述生产经营单位在界定民事主体时分为自然人、其他组织和法人。个人经营的投资人即自然人只能由投资人承担责任。认定行政管理相对人也同样。这与《安全生产法》《安全生产违法行为行政处罚办法》相一致。比如《安全生产违法行为行政处罚办法》第二十条简易程序的两类型（个人五十元以下和单位一千元以下），第三十条行政处罚决定书的送达依照民事诉讼法的有关规定分受送达人是个人的和受送达人是法人或者其他组织的两类型。因此，适用行政处罚时不能把生产经营单位简单化，而应根据其具体性质，界定是个人还是法人或者其他组织。

第二，对同一生产经营单位及其有关人员的同一安全生产违法行为，不得给予两次以上罚款的行政处罚。在个体工商户和自然人作为生产经营主体，适用行政处罚时实行双罚制，违背行政处罚法的一事不再罚原则。

其次，处罚要合理。可以采用多种方式实现行政执法目的的，应当避免采用损害当事人权益的方式。严格遵守公正、公平的原则，同样的情况同等对待，不搞歧视、差别待遇。

（中国安全生产网2008-04-09）

建议“责令改正”等不视为行政处罚

摘要：笔者建议不把“责令改正、责令限期改正、责令停止违法行为”视为行政处罚。

2008年1月1日起施行的《安全生产违法行为行政处罚办法》（以下简称《办法》）与2003年5月19日公布的《安全生产违法行为行政处罚办法》相比，具有更强的操作性。但新《办法》仍将“责令改正、责令限期改正、责令停止违法行为”作为行政处罚的种类，笔者认为这是一个失误，建议不把它们视为行政处罚。

其一，上位法高于下位法。这是正式法的渊源的效力原则。我国《立法法》第七十九条规定，法律的效力高于行政法规、地方性法规、规章。《行政处罚法》第十二条规定，国务院部、委员会制定的规章可以在法律、行政法规规定的给予行政处罚的行为、种类和幅度的范围内作出具体规定。也就是说，《安全生产违法行为行政处罚办法》作为部门规章不能超越法律、行政法规规定的给予行政处罚的行为、种类和幅度的范围。《安全生产违法行为行政处罚办法》第五条将“责令改正、责令限期改正、责令停止违法行为”补充为安全生产违法行为行政处罚的种类，显然超出了《行政处罚法》第八条规定的行政处罚的种类。按照《立法法》第八十七条的规定，应予以改变或者撤消。

其二，《安全生产法》并未将“责令改正、责令限期改正、责令停止违法行为”规定为行政处罚的种类。按照国家总局《〈安全生产违法行为行政处罚办法〉解读》，之所以补充“责令改正、责令限期改正、责令停止违法行为”为行政处罚的种类，是因为它们是《安全生产法》规定的行政处罚。事实并非如此。《安全生产法》规定，负有安全生产监督管理职责的部门依法对检查中发现的安全生产违法行为，当场予以纠正或者要求限期改正；对依法应当给予行政处罚的行为，依照本法和其他有关法律、行政法规的规定作出行政处罚决定。由此可见，责令纠正或者限期改正，是负有安全生产监督管理职责的部门除行政处罚外的一种行政职权。

其三，《安全生产法》将“责令改正、责令限期改正、责令停止违法行为”纳入法律责任条文中，并不能由此将它们确认为行政处罚的种类。它们只不过是行政机关依照职权单方作出的意思表示，从而对行政相对人发生强制拘束力的行政行为，是行政命令。这也是行政处罚所必须作出的行为。即使《安全生产法》不规定，我们在行政处罚时也应坚持这一原则。《行政处罚法》第二十三条规定，行政机关实施行政处罚时，应当责令当事人改正或者限期改正违法行为。因此，责令改正或者限期改正是与行政处罚并行的一种行政行为，不能将它们混同。

其四，将“责令改正、责令限期改正、责令停止违法行为”视为行政处罚的种类，在实践中行不通。按照《行政处罚法》《安全生产违法行为行政处罚办法》，行政处罚有简易程序和一般程序、听政程序。“责令改正、责令限期改正、责令停止违法行为”显而易见，不是简易程序也不是听政程序，它只能是一般程序。而一般程序的具体步骤：对违法行为调查收集证据，负责人审查作出处罚决定，处罚告知，制作、送达处罚决定书四个步骤一个也不能少。按这个步骤，“责令改正、责令限期改正、责令停止违法行为”这种行政处罚不可能施行，也没办法施行。

新《办法》看到了这种两难处境，但仅仅增加这样一项内容：“法律、行政法规将前款的责令改正、责令限期改正、责令停止违法行为规定为现场处理措施的除外”，虽说前进了一大步，但没从根本上解决这一问题，不能不说是个缺憾。

（中国安全生产网2008-03-26）

安全监管处罚案件法律适用的几个问题

安全生产监管监察办理行政处罚案件时，法律适用是否正确关系到是否到达预期的目的。在实际办案过程中，对法律的适用有以下问题值得深思。

一是明确违法事实与法律依据的关系。“以事实为依据，以法律为准绳”是我国法律适用的基本原则。坚持这一原则，首先要通过调查取证，掌握充分、确凿的事实证据，这是适用法律的前提。适用法律的主体是指违法行为人的违法事实，没有违法行为人的违法事实，何谈适用法律。安全生产行政处罚只能是先取证后裁决，决不能颠倒顺序。这与认定违法事实必须依据法律法规不但不矛盾，恰恰相反，二者是统一的。以事实为据适用法律与以法律为据认定事实，如同客观与主观的关系，主观指导客观，客观支配主观。全面把握安全生产法律法规规章的规定，以此为指导，才能正确认定违法事实；充分掌握安全生产违法事实，以此为基础，才可能适用法律正确。

正确处理二者的关系，在办理行政处罚案件过程中，一要全面熟练掌握安全生产法律法规对安全生产违法行为的规定，掌握判断安全生产违法行为的法定依据和国家标准。二要选准调查取证的切入点和关键点，全面取证，掌握大量的充分的确凿的事实证据，理清各种事实之间的内在联系，把握各种证据之间的因果关系，形成证据链。三要选择与违法事实相应的法律法规，将事实与法律相互对照，按照认定的违法事实性质，选择恰当的法律法规依据，做到适用法律正确。

二是明确监管职权与执法依据。对安全生产行政监管部门而言，法无许可即禁止。安全生产监管监察机构必须在法定的职权范围内进行监管监察。超越法定职权，只能是越权执法。同样，在法定职权范围内行政处罚时，适用法律必须明确该处罚权是否为本机构权限。法律法规未规定行政处罚权由安监部门决定的，安全生产监管监察机构进行了行政处罚，那是违法处罚。因此，安监部门在法律适用时一定要明确，是否属于本部门的职权范围，属于本部门的职权范围，适用的法律是否正确。

比如，安全生产法第九十四条规定："本法规定的行政处罚，由负责安全生产监督管理的部门决定；予以关闭的行政处罚由负责安全生产监督管理的部门报请县级以上人民政府按照国务院规定的权限决定；给予拘留的行政处罚由公安机关依照治安管理处罚条例的规定决定。有关法律、行政法规对行政处罚的决定机关另有规定的，依照其规定。"

其中"另有规定"是指"有关法律、行政法规对消防安全和道路交通安全、铁路交通安全、水上交通安全、民用航空安全另有规定的，适用其规定"，因此，消防安全、交通安全等行政处罚，由依法负有监管职责的部门依法进行处罚，安监部门不能超越权限，以综合监管为由给予处罚。

三是明确法律法规规章的效力。安全生产监管监察过程中，往往出现行政管理相对人的一项行为涉及多部不同的法律、法规、规章，而这些法律、法规、规章对该项行为的规定又不尽相同的情况。因此，安全生产监管监察人员在行政处罚适用法律时，需要准确理解和把握冲突法律的适用原则。安全生产监管监察时必须坚持上位法优于下位法、特别法优于一般法和新法优于旧法的原则。

在具体案件法律适用时，尽可能适用效力层次高的法律法规，比如，安全生产违法行为能适用安全生产基本法的不适用法规，能适用行政法规的不适用部门规章等。这需要安全生产监管监察人员熟练把握安全生产法律法规对安全生产违法行为的规定，分清不同安全生产违法行为的性质、处罚的依据，做到胸有成竹，这样才有可能运用自如。

（2008-06-11）

行政执法案卷存在问题与建议

近年来，随着安全生产监管工作的加强，执法层次不断提升，执法案卷质量越来越高，但执法案卷尤其是行政处罚案卷仍然存在一些共性问题。这些问题直接影响着安全监管执法工作的质量和水平。现将有关问题进行分类总结，提出个人的一点看法和建议，希望对今后的工作有所帮助。

一、问题和不足

一是案卷内容和装订不规范。首先，案卷不符合国家安全生产监督管理总局关于印发《安全生产行政执法文书（式样）》的通知（安监总政发〔2006〕274号）文件规定，不少案卷缺少首页，卷皮、装订标准不统一，不符合档案法要求。其次，行政处罚案卷执法文书不全面，不能反映整个处罚案件的全貌。来源于举报的案件缺少举报材料，移送的案件没有移送文书；当事人陈述申辩无陈述申辩笔录；进行行政处罚集体讨论的，行政处罚集体讨论记录模式化，不客观具体等。

二是执法文书制作不规范。首先，现场检查记录不全面，项目填写不全或者记载有漏项，要么缺少执法检查的场所，要么漏掉执法检查发现的问题，或者未记明对发现问题的处理措施等。其次，行政处罚告知书上的处罚金额与行政处罚决定处罚金额不一致时，没有相关材料说明变动处罚金额的理由。第三，审批表不完整，立案审批表、案件处理呈批表、结案审批表审批意见不明确。第四，细节处理不细腻。文书空白未作处理，行政处罚决定书违法事实及证据部分未写明相关证据，法律依据未具体到条、款、项、目等。

三是行政处罚行为不规范。首先，界定被处罚主体缺乏法定效力的证件复印件，未提供单位（个人）的工商营业执照、个人的身份证复印件，复印件未按证据法定要件制作。其次，处罚数额涉及自由裁量权行使的未提供相关资料，没收违法所得未提供计算违法所得的明细表。

二、建议与对策

一是统一案卷标准。制定《安全生产行政处罚案卷标准》，印发给每一位安全监管监察人员，加强学习，结合监管监察实际认真贯彻落实，切实提高安全生产行政执法质量。

二是规范执法文书使用。建立健全检查制度，加大安全生产执法规范专项检查力度，及时反馈检查意见，加强学习交流，采取措施跟踪落实，提高执法工作的规范化水平。

三是提升案件办理能力。严格落实安全生产执法过错责任追究制度，通过个人自学、统一培训，提高办案技术水平，增强安全生产监管监察人员的法制意识、依法行政能力。

（2008−07−15）

执法监察力戒重复建设

安全生产检查工作不能走低水平重复建设的路子，不能在一成不变的内容上不动弹，也不能总是在隐患排查上徘徊不前，更不能一直在检查了不整改上循环，安全生产检查必须坚持系统论思想，走策划—实施—检查—改进的“PDCA”的模式，持续改进，建立安全生产执法监察的长效机制。

一是不断学习，自觉反思。执法必须先学法。法律法规标准是执法坚持的依据。安全生产的法律法规标准数量较多，更新频繁。国家安全监管总局仅在2012年4月27日一天公布的部门规章就有五部（第47号、48号、49号、50号、51号令）。随着安监部门“三定”方案的变更（中央编办发〔2010〕104号），一些新的监管领域不断扩展，执法检查的依据逐步增多。离开安全生产的法律法规和国家标准和行业标准，深化执法检查是无源之水无本之木。同时，要结合执法检查的实践，不断加深对安全生产法律法规标准的理解，以切实的感受、切身的体会和深刻的教训总结反思执法工作，改进检查的不足，提高执法的技术。执法检查不能凭经验吃老本，原地踏步走，墨守成规，以至于法律适应不全面不准确而错位缺位。

二是制订计划，严格审批。根据总结反馈的问题和不足、经验与教训，根据当地安全监管监察权限、执法人员数量、监管监察的生产经营单位状况、技术装备和经费保障等实际情况，制定年度安全监管监察执法工作计划，按照国家安全监管总局第24号令的规定，报本级人民政府批准并报上一级安全监管部门备案。作为履行监管监察的依据，是日常实施执法检查的前提。科学的策划等于成功了一半，执法检查不能想当然，盲目随意，走一步看一步，必须通盘考虑，合理规划。

三是开展执法，稳步实施。按照本级政府批复的计划实施执法监管检查，既要查出问题和隐患，更要督促生产经营单位整改问题，既要监管也要打非治违。可以说查出问题是第一步，督促生产经营单位按照要求按时整改到位是关键，对确实不能整改到位的，依法严格处理。企业不整改是企业的主体责任，执法不到位是监管失职。执法监察的底线不能突破。

四是定期反馈，检查不足。执行检查计划，不论是季节性检查还是一个案件，在检查工作结束或者案件办结结案之后，总结反馈阶段是不可缺少的重要工作。总结工作的成功经验和办案体会，找出工作不足和教训，明确下步改进方向和整改措施，为下一循环打好基础，在新的起点上开展下一循环。

虽然以上工作是从宏观上讲的，但每一次执法过程也都是上述四个环节的统一，无非根据每天的每次执法情况确定各自的具体内容而已。不管怎样，有计划、有实施、有记录、有总结，每日零起点开始，每日零事故结束，应该成为安全生产执法检查的追求。

（2012-06-18）

学习高院20号文，增强依法监管能力

2011年12月30日，最高人民法院印发《关于进一步加强危害生产安全刑事案件审判工作的意见》（法发〔2011〕20号）。这为刑事审判工作进一步在依法惩治危害生产安全犯罪，促进全国安全生产形势持续稳定好转，保护人民群众生命财产安全方面发挥更加积极的作用，奠定了良好基础。同时，也为安全监管部门依法严格监管提出了更高的要求。

一、明确刑法和安全生产法上“重大伤亡事故”的不同含义

按照最高人民法院、最高人民检察院《关于办理危害矿山生产安全刑事案件具体应用法律若干问题的解释》的规定，具有下列情形之一的，应当认定为刑法第一百三十四条、第一百三十五条规定的“重大伤亡事故或者其他严重后果”：（一）造成死亡一人以上，或者重伤三人以上的；（二）造成直接经济损失一百万元以上的；（三）造成其他严重后果的情形。而具有下列情形之一的，应当认定为刑法第一百三十四条、第一百三十五条规定的“情节特别恶劣”：（一）造成死亡三人以上，或者重伤十人以上的；（二）造成直接经济损失三百万元以上的；（三）其他特别恶劣的情节。

这与《生产安全事故报告和调查处理条例》（国务院第493号令）第三条对事故的等级划分有很大的不同。安全监管人员必须依法严格履行职责，做到就位不缺位、到位不越位、对位不错位。

二、依法充分调查取证，正确行使自由裁量权

最高人民法院《关于进一步加强危害生产安全刑事案件审判工作的意见》（法发〔2011〕20号）对安全监管人员依法进行安全监管，尤其是依法进行行政处罚、严肃生产安全事故调查处理有很强的指导意义。

一是安全生产监管必须依法进行。职权法定，法无许可即禁止。安全监管部门行使职权必须明确岗位职责和履职依据，必须做法律明确规定的工作；必须根据工作职责、监管条件，不断提升履职能力，依法全面履职，必须将应做的工作做到位；必须依法严格审批，严厉打击非法违法生产经营建设行为，严格责任追究，必须应履行的义务履行到底。

二是安全生产执法监察必须依法、客观。安全生产执法监察不仅要按法定程序和手续进行，更要全面客观地收集证据，科学分析事故性质，合理准确地界定责任。生产安全事故涉案人员多，主体杂，“既包括直接从事生产、作业的人员，也包括对生产、作业负有组织、指挥或者管理职责的负责人、管理人员、实际控制人、投资人等”。因此，调查生产安全事故，既要调查直接从事生产、作业的人员，也要调查对生产、作业负有组织、指挥或者管理职责的负责人、管理人员、实际控制人、投资人等；既要调查事故原因，又要调查事故的危害后果、主体职责、过错大小等各种因素；既要调查事故发生的过程，又要调查事故发生后事故单位和相关人员的施救表现、履行赔偿责任情况等，决不能凭经验，简单处理。

三是自由裁量必须依法公平公正。分析确定案件的性质和责任，必须在综合把握案件全部事实的基础上，准确适应法律，“认定相关人员是否违反有关安全管理规定，应当根据相关法律、行政法规，参照地方性法规、规章及国家标准、行业标准，必要时可参考公认的惯例和生产经营单位制定的安全生产规章制度、操作规程”。必须从事实出发，坚持法律面前一律平等，决不能仅凭感情，从法律条文选择案件事实草率定论。

三、正确分析事故原因，确定事故责任

最高人民法院《关于进一步加强危害生产安全刑事案件审判工作的意见》（法发〔2011〕20号）对生产安全事故责任划分提出了明确的指导意见：多个原因行为导致生产安全事故发生的，在区分直接原因与间接原因的同时，应当根据原因行为在引发事故中所具作用的大小，分清主要原因与次要原因，确认主要责任和次要责任。

一般情况下，对生产、作业负有组织、指挥或者管理职责的负责人、管理人员、实际控制人、投资人，违反有关安全生产管理规定，对重大生产安全事故的发生起决定性、关键性作用的，应当承担主要责任。对于直接从事生产、作业的人员违反安全管理规定，发生重大生产安全事故的，要综合考虑行为人的从业资格、从业时间、接受安全生产教育培训情况、现场条件、是否受到他人强令作业、生产经营单位执行安全生产规章制度的情况等因素认定责任，不能将直接责任简单等同于主要责任。

最高人民法院《关于进一步加强危害生产安全刑事案件审判工作的意见》（法发〔2011〕20号）虽然不是针对安全生产部门出台的安全监管指导意见，但从审理案件的角度对安全监管部门依法行使职权、增强风险防控能力有重要的指导意义。

（2012-04-07）

从源头上堵住建设项目安全设施的漏洞

随着经济快速发展，生产建设项目如雨后春笋一般增加很快。但是由于政策不到位，体制机制不顺，管理不规范等原因，建设项目安全设施“三同时”执行情况参差不齐，一些项目建设单位不按有关要求办事，安全设施设计不合理、漏建或不配套，给建设项目留下诸多漏洞，埋下了许多事故隐患。对此，笔者进行了调查研究，对安全设施“三同时”监管存在的问题有了一些认识，并提出了一些对策。

问题分析

当前，我国建设项目安全设施“三同时”监管存在的主要问题有：

其一，政策法律上过于原则，相关管理制度缺失。目前，国家对建设项目安全设施“三同时”的规定，尽管有《安全生产法》《国家发改委安监总局关于加强建设项目安全设施“三同时”工作的通知》（发改委投资〔2003〕1346号）、《国家安监总局关于做好机械、轻工、纺织、烟草、电力、军工和贸易行业建设项目安全设施竣工验收工作的通知》（安监总管二字〔2005〕34号），但是安全设施源头管理的规定不够明确，未将建设项目安全设施“三同时”纳入建设项目管理程序，未将安全设施可行性论证、安全设施设计审查纳入项目立项、土地规划审批、建设施工监管、工商等办理许可的前置程序，不能从根本上实现建设项目的本质安全化。

安全设施的含义，安全设施设计、审查、施工、监理的职责分工，监管的主体及其责任划分，具体操作程序，法律责任等都无明确的法律规定。同时，又缺乏统一的国家标准、行业标准和操作规范，缺乏必要的管理制度和行之有效的监管措施，建设项目安全设施“三同时”监管困难重重，无从下手，无法操作或者操作不规范，“三同时”审查可有可无的情况极为普遍。

其二，体制和机制不顺。按照我们国家的“综合监管和行业监管相统一”的安全监管体制，安监局从综合监管的角度指导、协调和监督建设等其他负有安全生产监督管理职责的部门的安全监督管理工作。“三同时”

的监督检查是国家安监局职责，审查验收由安监部门负责，而建设项目的立项、审批，安全设施可行性研究、设计、施工、监理和设备材料供应等建筑设计单位、建筑施工企业、建筑监理单位等，分别由发展和改革、经贸（外经贸）、建设部门审批和监管。目前，建设项目安全设施综合监管和行业监管的长效管理机制尚未完善，相关部门的监管职责不清。同时，相互沟通的联动机制尚未形成，协调一致的工作体制和互相配合的作业流程尚未步入正轨。

由于缺乏制度约束，没有明确规范制约，有些甚至各自为战，互不通气。随着建设项目由过去的审批制改为核查备案制，项目（工程）在立项、可行性研究、核准、备案等过程中，安监部门不清楚，而有些单位缺乏合作意识，由此造成安监部门工作的被动，增加了工作难度。

其三，企业部门管理缺位，相关措施跟不上。两个主体责任落实不到位。企业负责人安全意识淡薄，不懂或者不按有关要求办事。进行项目建设，不是找无资质的建筑队凭经验进行，就是“多快好省”，不进行项目论证，不进行安全设施设计，仅凭一张施工图纸就开工建设，存在侥幸心理和短视行为。而一些承担建设项目设计、施工、评价的中介机构，在市场经济条件下，受经济利益的驱动，设计建设项目一味听从建设单位的要求，降低设计标准，不按国家标准编制设计文件，不提供安全设施设计或者变通设计，很少举行项目论证或者提供安全设施设计专篇。与之相对应，相关部门往往只看到经济效益，对企业落实安全生产责任的监督不力。

应对措施

针对建设项目安全设施“三同时”监管存在的主要问题，为从源头上解决这一问题，提高建设项目的本质安全化水平，笔者认为应采取以下应对措施。

其一，要加快立法进程，尽快将“三同时”监管纳入法制化轨道。

一是借鉴高危行业譬如危险化学品行业的做法，把建设项目“三同时”审查作为建设项目立项、土地规划审批、建设施工许可、发放工商营业执照的前置条件，将建设项目安全设施“三同时”纳入建设项目管理程序，促使建设主体单位规范“三同时”行为。二是如同危险化学品建设项目审查验收规范一样，对安全设施明确定义或配套出台相关标准，以规范“三同时”审查验收行为。三是规范“三同时”审查验收程序，明确参与的部门及其职责，做到依法行政，程序清晰，职责明确，监管到位。

其二，加强沟通与协调，形成“三同时”工作的联动机制。

安全生产监督管理部门应与同级发展改革委、经贸委、外经贸委、土地规划、建设、工商等部门尽快衔接、协调，建立建设项目安全设施“三同时”工作程序，形成良性互动机制，协同配合，资源共享，互相支持，扎扎实实做好建设项目安全设施“三同时”监管工作。

其三，加强建设项目安全生产监督管理，严格落实各方责任。

一是根据建设项目的安全风险程度，实行分类管理：（1）对高风险行业的建设项目，安全生产监督管理部门要加强对安全评价报告书和安全设施设计审查备案的管理和监察。（2）对安全风险较小的非高危建设项目，应放给相关主管部门和社会中介机构管理，这些主管部门和中介机构应将审查合格的建设项目安全生产条件及安全设施安全专篇，报安全生产监督管理部门备案。三是加强对承担建设项目可行性研究、设计、施工、监理中介机构和设备材料供应单位执行建设项目安全设施“三同时”的情况的监督管理。三是加大监管监察力度。政府要建立联合执法机制，加大对建设项目安全设施“三同时”情况的安全检查和安全生产违法行为查处力度，该罚的罚，该关的关。

（中国安全生产网2008-03-11）

中小型冷库存在的问题与对策

伴随着动物养殖业的快速发展，中小型冷库的数量与日俱增。但大多冷库未能履行相关审批手续，“先天不足”的现象比较普遍。根据目前中小型冷库存在的主要问题，笔者提出一些解决的建议和措施。

一、目前中小型冷库存在的主要问题

1．制冷设备的安全保护和自动控制未按《冷库设计规范》（GB50072-2001）的有关规定执行。部分安全阀卸压管连通在一起，未独立分离，高度不足；玻璃管液位指示器无防护设施；用氨设备和氨的输送管道未标明显颜色，对管内介质流向未作明显标志等问题不符合《冷库设计规范》。

2．液氨装置的电气设计未遵守《爆炸和火灾危险环境电力装置设计规范》（GB50058-92）、《石油化工企业生产装置电力设计技术规范》（SH3038-2000）和《石油化工静电接地设计规范》（SH3097-2000）的有关规定。一些单位的配电柜无接地连线，电气控制装置、照明灯未防爆，加氨处无静电接地保护，部分电机无防爆设计，配电室与压缩机房连通，未实墙隔离等问题不符合上述规范，严重影响生产安全。

3．制冷机房、仓库的设计未按《建筑设计防火规范》（GB50016-2006）和《石油化工企业设计防火规范》（GB50160-92）的有关规定执行。部分冷库未经过消防部门的消防验收，灭火器过期未检，配备数量少，部分制冷机房和配电室门内开，无应急照明灯和消防疏散标志。

4．压力容器和安全附件未按《压力容器安全技术监察规程》的规定进行检验、检测。部分单位的压力管道和压力容器、安全阀未定期检测，有些年限已久，锈蚀严重，还有的虽已检测，但提供不出有资质的中介机构的检测报告。

5．安全管理不到位。作为使用危险化学品的单位，大部分未能设置安全生产管理机构或者配备专职的安全管理人员，安全管理责任制不健全，安全管理制度和操作规程未制定或者不符合本单位实际，未建立应急救援预案，未配备必须的专用防毒面具，未定期组织演练，部分特种作业人员未经专门安全培训，无证上岗作业。

二、解决问题的建议和措施

1．尽快出台相关的法规或者规范性文件，明确界定冷库单位的性质，将液氨使用单位直接纳入危险化学品使用单位，与生产、储存、经营危险化学品的单位一样，按照危险化学品企业管理，严格市场准入门槛，严把安全条件论证和安全评价关，从根本上解决先天不足的问题。

2．建设、消防、电力、质检、安监等相关部门各司其职，相互协作，形成合力，严格执行相关规范和标准、政策，从源头上堵住冷库建设和安全监管中的问题。

3．落实企业安全生产主体责任。提高企业主要负责人、安全生产管理人员和从业人员，尤其是制冷工特种作业人员的安全意识，严格落实安全生产责任制，提高全体从业人员的安全素质，严格贯彻各项规章制度和操作规程，提高从业人员应急处置能力和自我保护能力。

4．加强监管，严格按照国家的法律法规和国家标准、行业标准，督促企业不断提升管理水平。严格执法监察，严肃查处冷库单位的安全生产违法行为。

（中国安全生产网2008-06-04）

推进企业安全生产标准化建设的问题与建议

安全生产标准化建设是落实企业主体责任的必要途径，是强化企业安全生产基础工作的长效制度，有效防范事故发生的重要手段。自国发〔2010〕23号文件要求“全面开展安全达标”以来，各地尤其是示范城市和示范区全力推行安全生产标准化建设，取得了一定的成效。但在推进过程中，出现了一些亟待解决的问题。

问题

一是评定标准的问题。按照国发〔2010〕23号和国发〔2011〕40号文件《国务院关于坚持科学发展安全发展促进安全生产形势持续稳定好转的意见》的规定，以煤矿、非煤矿山、交通运输、建筑施工、危险化学品、烟花爆竹、民用爆炸物品、冶金等行业（领域）为重点，全面开展企业安全生产标准化建设。但交通运输、建筑施工等部分行业安全生产标准化评定标准尚未出台，直接影响行业安全生产标准化建设的推进，成为这些行业开展安全生产标准化建设的瓶颈。

二是达标企业管理的问题。虽然国发〔2010〕23号文为推进安全生产标准化标准化建设提供了明确的依据，指出：“深入开展以岗位达标、专业达标和企业达标为内容的安全生产标准化建设，凡在规定时间内未实现达标的企业要依法暂扣其生产许可证、安全生产许可证，责令停产整顿；对整改逾期未达标的，地方政府要依法予以关闭。”但安全监管部门如何监管企业标准化建设缺乏强有力的制约措施，规定时限如何把握、责令停产整顿如何执行、地方政府如何关闭等都没有明确的界定，操作性不强。

三是评审费用的问题。《国务院安委会关于深入开展企业安全生产标准化建设的指导意见》（安委〔2011〕4号）明确规定：“各地区、各有关部门在企业安全生产标准化创建中不得收取费用。”但按现在安全生产标准化评审的实际情况，作为法人单位的评审单位不收取费用是不可能的，而目前国家对安全生产标准化评审缺乏统一的指导性收费标准，也没有统一的行业自律规定，评审收费亟需规范。

四是评审人员的问题。根据《国务院安委会办公室关于深入开展全国冶金等工贸企业安全生产标准化建设的实施意见》（安委办〔2011〕18号），“工贸企业全面开展安全生产标准化建设工作，实现企业安全管理标准化、作业现场标准化和操作过程标准化。2013年底前，规模以上工贸企业实现安全达标；2015年底前，所有工贸企业实现安全达标”。全国这么多的工贸企业全部到达标准化水平，需要数量庞大的评审单位和评审人员，而目前各地的评审机构和评审人员寥寥无几，根本满足不了安全生产标准化评审的实际需要。

解决的建议

一是健全评审标准。建议安全监管总局发挥综合监管职责，协调有关部委尽快出台相关行业的评定标准，或者制定相关行业的通用规范，由各地相关部门据此制定各自的地方评定标准，实现安全生产标准化评审标准的全覆盖，为全面推行标准化建设铺平道路。

二是出台管理法规。按照国发〔2010〕23号和国发〔2011〕40号文件的规定，尽快将安全生产标准化建设的规定上升为国家法律法规，为负有安全生产监督管理职责的部门督促企业开展标准化建设、加强监督检查以及对不开展标准化建设的企业进行行政处罚提供强制性的手段和措施，增强推进标准化建设的实效性，全面落实企业主体责任和政府监管责任。

三是规范评审收费。联合物价等部门出台安全生产标准化收费的具体规定，或者制定安全生产标准化评审、咨询等方面的收费行业自律，统一收费标准，加强评审管理，切实减轻企业负担，加强技术服务指导，提高企业标准化建设水平。

四是加大评审培训。建立标准化评审机构和评审人员培训的制度化建设，将企业安全生产标准化评审人员和评审机构评审人员、安全生产监管部门相关管理人员纳入日常安全培训的范围，为全面推行安全生产标准化建设提供人力资源和技术支撑。

（2012-05-27）

企业安全生产标准化建设存在的突出问题与对策

按照国家安全监管总局的部署，各地创新工作机制，强化推动措施，加强安全培训，企业安全生产标准化建设逐步推开，安全达标逐渐为企业所熟知，在企业中开展起来，安全工作制度化、安全管理规范化、作业行为标准化不断成为企业安全生产的重要内容。但在具体开展安全生产标准化建设中，有些企业不同程度存在以下突出问题，直接制约着安全生产标准化建设的质量。

一是思想认识不正确。企业的主要负责人和安全生产管理人员把安全生产标准化创建当做年度安全生产任务，当成上级政府或者部门安排的一项活动来完成，以为标准化创建就是搞运动、一阵风。而没有把安全生产标准化内化为企业的一种安全生产现代管理方法，没有认识到标准化建设是企业落实安全生产主体责任的必要途径，是建立安全生产隐患排查治理的长效机制。

二是工作内容不全面。企业在开展安全生产标准化建设过程中，仅仅有安全生产管理人员或者安全生产管理科几个管理人员，有些范围广的再加上设备科、办公室等为数不多的一帮人在从事这项工作，而不是按照标准化建设的要求，成立领导机构、工作机构，通过召开动员大会、分层次举办培训班、层层落实责任等形式明确各自工作职责，调动和发动全体从业人员开展调查摸底，对标建章立制完善安全制度和操作规程，开展全方位的隐患自查自纠活动，建立PDCA动态循环管理模式，建立健全自我检查自我纠正自我完善的持续改进工作机制。

三是落实措施不到位。大量的工作表现在准备各种制度文件上，形式上的东西多，日常执行的记录少；不少的安全生产规章制度和操作规程停留在桌面上，与现场从业人员的实际工作不符，存在两张皮现象；有些文件借鉴成分多，一味拿来，不知消化吸收，缺乏针对性，实效性不强；对本企业危险缺乏辨识或者辨识不全面，对查出的隐患没有分级管理，应对措施不强，隐患排查治理重点不突出；检查出的问题和隐患跟踪落实不及时，考核评估工作缺失，安全生产“五同时”执行不力，动态管理实时监控制度未建立，安全生产风险预测预警预报体系未建立。

提升安全生产标准化建设质量，必须克服对安全生产标准化建设问题上的错误认识，全面开展安全生产标准化建设工作，强化措施，突出危险源辨识和重大危险源，持续开展隐患排查治理，加强作业现场动态监控，加强职业健康管理。为此，必须做好以下工作：

一是加强培训。开展安全生产标准化建设专题培训班，培训企业安全生产标准化建设内部评审人员；将安全生产标准化建设相关内容纳入安全生产培训机构对主要负责人和安全生产管理人员的安全培训课程，专门考核；邀请标准化评审单位安全生产标准化评审人员和评审专家进厂举办培训班、讲座，开展全员安全培训；通过宣传栏、明白纸等各种形式，加大全员培训力度，提高全员标准化意识。

二是强化检查。将安全生产标准化建设与安全设施“三同时”、职业危害设施“三同时”、执法检查、专项整治、“打非治违”、安全文化建设、安全生产优秀班组创建以及安全社区创建相结合，督促企业围绕标准化建设的基本步骤、必须开展的工作，全面开展标准化创建工作。对不进行相关工作，或者履行相关义务不到位的，依照相关安全生产法律法规规定进行处理。

三是严格考评。评审组织单位和评审单位根据国家安全生产标准化评审的相关规定，对企业在标准化建设过程中，不经过必须步骤，未开展基本工作，没经过3~6个月运行，或者没有初步建立PDCA模式运行的，一律中止评审。通过评审引导企业加强管理，提高标准化建设质量，增强企业安全生产本质化水平。

（2012-08-12）

企业开展安全生产标准化建设需要引起注意的几个问题

企业进行安全生产标准化建设，既要掌握行业企业安全生产标准化建设的标准，又要经过必须的工作流程，需要企业自查自纠，持续改进，把安全生产标准化的规范要求内化为企业的安全管理方法，不断提升企业的本质安全水平。具体而言，需要做好以下工作，处理好几个关系。

一是学习标准，知道干什么。现在不少企业到安全生产示范企业学习标准化建设，掌握了示范企业的先进做法和成功经验，一味地把他人标准化建设的模板照搬过来，却不知道本行业领域企业的安全生产标准化的建设标准。因此，开展安全生产标准化建设，首先要克服经验主义，必须学习本行业领域标准化建设标准的实质内容，明确其精髓和关键，掌握标准化建设的基本要求和工作流程，这是最基本的前提和基础。当然，学习可以分层次，可以先有领导机构和工作机构学，也可以全体人员一起学，更可以聘请咨询服务机构搞培训，形式可以多种多样。但不学习，吃不透标准是没法开展标准化建设。

二是分清职责，明确谁该干什么。很多企业开展安全生产标准化建设，仅仅停留在企业的安全管理科这一层面，安全生产标准化的建设成了企业安全管理科及其人员的事，与其他部门、科室及其人员几乎毫无关系。这样的企业安全生产标准化搞得再好也不能达标，因为它连安全生产标准化建设的本质要求都没有理解，把安全生产标准化建设当成了走过场、搞形式。所以，开展安全生产标准化建设必须克服形式主义，必须在动员全体从业人员的基础上，按照企业安全生产标准化基本规范的13项一级要素相对应的相关部门、科室职责层层分解下去，让每个部门和科室、每个岗位、每个人员都明确自己的工作职责，都知道在我这个岗位上应该干什么和应该怎么干，并将这项内容牢记入心，落实于行动之中，养成习惯，持之以恒。只有岗位达标才可能实现企业达标，没有岗位达标绝没有企业的安全生产规范化标准化。

三是建章立制，规范怎么去干。有些企业开展安全生产标准化建设，不是没有学习评审标准，就是没有了解安全生产标准化的本质要求，只知道照搬照抄网上的相关安全生产规章制度，不是按照安全生产标准化建设的基本要求，首先去识别、获取安全生产的法律法规规章和国家标准、行业标准，再根据本企业具体实际，将相适应的安全生产法律法规规章和标准内化为本企业的安全规章制度，属于典型的教条主义。企业开展安全生产标准化建设，从安全生产标准化建设的工作次序上看，安全生产标准化评审标准的13项一级要素，首先应该是第四项，即“法律法规与安全管理制度”，建设安全生产标准化首先要明确什么是安全生产标准化，有哪些国家法律法规规章和标准的要求需要我们去执行，这是最基本的，也是首先要开展的基础工作。前面第一个问题亦提过，这里不再赘述。对照国家的法律法规规章和标准，结合自己的具体实践，去修订完善符合本企业实践的安全生产管理制度，规范安全生产工作要求。如果企业自己的安全生产规章制度与国家的法律法规规章和标准规范要求都不一致，何谈规范化标准化建设？

四是自查自纠，检查自己干得怎么样。安全生产标准化建设的基础在隐患排查治理，没有开展隐患排查和治理，未进行危险源辨识和风险评估控制，所谓的安全生产标准化建设就形同虚设。开展企业安全生产标准化建设，从第一项的安全生产目标到第十三项的绩效考核，每一部分都要采取“策划—实施—检查—改进”的动态循环模式，每一项工作都有排查问题进行整改提高的问题，不进行隐患排查治理的安全生产标准化只能算是虚无主义。因此，开展安全生产标准化建设必须从企业的安全生产现状分析入手，开展危险源辨识和风险识别控制，让企业的每一个从业人员每天都熟悉每个岗位存在什么危险，知道如何去控制危险，从而预防和控制事故。

五是过程监控，让干得怎么样有据可查。企业开展安全生产标准化建设，不论是策划，还是实施、检查、改进，都需要对企业的安全生产管理制度和岗位安全生产操作规程进行全面落实，落实情况的表现体现在日常的各种安全生产管理制度的执行台账上。安全生产管理制度规定的再好，不落实或者落实不到位，只能是纸上谈兵。不少企业在创建安全生产标准化过程中，要么是养不成执行并记录的良好习惯，无记录或记录空白，要么是记录简单，反应不出日常开展的具体工作，开展检查了却没有检查人员、检查时间和检查出的隐患及其整改要求，隐患是否整改与否没有下文；安全生产教育培训了却不见培训的结果；设施设备器材更新了却没有相关的更新台账以及与之相关的使用培训台账，没有相对应的设施设备器材使用的变更文件等，总之是各项工作做了没有，做得怎么样，谁也说不清道不明，一笔糊涂账。开展安全生产标准化建设，必须克服糊涂主义，做到定置管理、痕迹清晰，各种制度执行痕迹明白无误、规范有序。

当然，开展安全生产标准化建设，还有很多工作要做，以上所说只是企业在开展安全生产标准化建设过程出现的一些突出问题。企业要加强安全生产标准化建设，需要企业的主要负责人切实提高思想认识，强化推动措施，加大安全投入，加强现代安全管理，提升安全管理水平。也需要企业的安全生产管理人员不断加强学习，加大协调调度、监督管理和业务指导力度，促使不同部门岗位人员落细落实责任，严格遵章守纪，坚决杜绝“三违”，自觉做到“三不伤害”，实现岗位、班组、车间、厂四级互保，全面实现安全达标，建立健全自查自纠持续改进的安全生产长效机制。

（2012-07-23）

安全生产标准化评审需要注意的几个问题

一、评审准备工作

（一）接到企业的评审申请和自评报告后，对材料进行初步整理和消化，了解企业的基本情况和工艺流程（企业评审申请和自评报告形式要件不符合要求的，比如规章制度清单与自评报告不符的、所附文件材料不全的、未加盖公章的等，在现场评审时要求企业进行规范）。

（二）准备评审需要的相关材料（首次会议签到表、末次会议签到表、接受现场评审企业申明、评审人员公正和保密承诺、评审打分表、评审不合格汇总表、评审总结表等）。

（三）与企业联系，确定评审时间和评审计划，以及其他与评审有关的问题

二、现场评审工作

（一）程序不可缺。首次会议、末次会议必须按议程开好（会议签到表必须由评审人员和企业陪同人员本人签名）。

召开首（末）次会议时，企业安全生产标准化建设领导小组和工作小组成员必须全部到场，以便面上沟通交流，接受评审人员询问。

（二）评审要严格按标准进行。分组情况要在打分表或者不合格项汇总表中体现出来（明确谁评审的哪几项，便于分清责任），不论是材料评审还是现场评审，都要抽查企业相关人员。

（三）评审结论、意见和建议在末次会议上当场公布。不合格项必须书面反馈给企业，要求企业限期整改，将整改情况反馈至考评组，考评组采取现场检查或者书面审查的方式予以确认。

（四）留存现场评审记录。包括签到表、评审打分表、承诺书、小组总结等，现场评审最好留有照相、录像等音像资料。

三、评审后续工作

（一）撰写评审报告，评审报告主要包括评审组组长及其成员姓名、资格，评审时间，申请企业的名称、地址、联系人及联系方式，评审的目

的、范围、依据，文件评审综述、现场评审综述，得分情况说明、扣分点、整改措施、验证方式，现场评审结论及其等级推荐意见，其他需要说明的问题等。

（二）企业不合格项整改情况验证。评审组末次会议将整改意见通报给企业后，约定整改时间，企业落实整改后报评审单位邀请评审单位复审，评审单位采取不同的形式对企业整改情况进行检查验证。这里需要注意的是，向企业通报的整改意见应该包括各个评审小组的全部意见，验证采取现场验证方式的，必须提供书面检查结论。

（三）提交评审报告。在编制完成评审报告、评审单位进行内部审核后，由评审单位向评审组织单位提交现场评审材料（评审报告、现场打分表等）。

（2012-02-18）

关注安全不可遗忘安监人员的安全

生产经营单位从业人员的安全生产保障权利，由《安全生产法》来体现和保障。整日置身生产经营单位各个不同工作岗位，时时处处与高危行业打交道，随时可能到危险点排除故障、抢险救援，参加事故调查与处理，从事这种职业的特殊人员——安监人员的职业卫生安全，由什么来体现，又拿什么来保障?

《安全生产法》强调的是安监部门的职权、安监人员的道德素质要求和应当遵守的义务，对安监人员的职业卫生安全保障，没什么明确规定。《职业病防治法》对担当安全生产监督检查人员的职业卫生防护，也没有明确规定。不仅如此，2003年中央机构编制委员会办公室下发了《关于国家安全生产监督管理局（国家煤矿安全监察局）主要职责内设机构和人员编制调整意见的通知》，对职业卫生监督管理的职责进行了调整，将卫生部承担的监督管理工作划入安监部门的职权范围，但与此相对应的执法监督管理依据《职业病防治法》却没有相应修改，这不仅给安监部门执法监督管理提出了难题，更给安监人员出了一道难题，一道两难选择的答题：失职还是渎职，个中滋味恐怕只有安监人员方能体味。

己身不正，何以正人?作为安全生产执法监察的人员不注重自身的职业防护，不着劳保用品，酷暑高温时，不注意自身的防暑降温措施，却去要求被检查的从业人员佩戴劳保用品，防暑降温，注意安全，这样的说教和要求，怎么令人信服?怎样达到预期的目的?

安监人员的心理、意识承担过重的压力，势必造成他们懈怠的思维，产生不安全的行为。安监人员的不安全行为是最大的隐患，他不仅会造成事故，更会给周围的从业人员树立坏的榜样，出现一个又一个的隐患。

凡事预则立，不预则废。消除隐患，须消灭于萌芽状态。保持安监人员健康的心理、恰当的压力，养成良好的行为习惯，不仅要建立责权利相统一的激励机制，还要尽快建立健全安监队伍的教育培训制度、执法监察制度，而且要尽快出台安监人员职业健康保障制度和措施，完善相关的法律法规，使安监人员的安全生产权利就像生产经营单位的从业人员一样，有法可依。

（中国安全生产网2008-07-10）

如何界定生产安全事故

时下，生产安全事故的报告和调查处理以及责任追究已成为街头巷尾热论的焦点话题。但是实际生活中，包括安监系统内部，往往对事故发生后的定性把握不准。常常是一听说事故，头脑中马上就认为是生产安全事故。这对社会舆论，对安全生产监管工作，乃至对政府的信誉都是不良导向，都是不客观的。那么，如何科学地界定生产安全事故呢？

首先，必须明确生产安全事故的含义。按照国务院令第493号，即《生产安全事故报告和调查处理条例》第二条的规定，生产安全事故是生产经营活动中发生的造成人身伤亡或者直接经济损失的事故。因此界定事故是否属于生产安全事故的标准就在于事故是否发生在生产经营活动中。换句话说，如果事故不是发生在生产经营活动中，那么该事故一定不是生产安全事故。

其次，必须科学把握生产经营活动的内涵。按照国家安监总局（政法函〔2007〕39号）《安全参考》（第二期）的规定，《安全生产法》所称的生产经营单位，是指从事生产活动或者经营活动的基本单元，既包括企业法人，也包括不具有企业法人资格的经营单位、个人合伙组织、个体工商户和自然人等其他生产经营主体；既包括合法的基本单元，也包括非法的基本单元。《安全生产法》和《生产安全事故报告和调查处理条例》所称的生产经营活动，既包括合法的生产经营活动，也包括违法违规的生产经营活动。

综上，生产经营单位在生产经营活动中发生的造成人身伤亡或者直接经济损失的事故，属于生产安全事故。据此，生产安全事故的界定标准全面地讲，应该包括不可分割的两个方面，一它必须发生在生产经营单位；二它必须发生在生产经营单位的生产经营场所。如果发生在生产经营单位的职工宿舍，那么一般情形，很难说这是生产安全事故。

再次，必须全面掌握生产经营单位和生产经营活动的范围。依照国务院令第493号，即《生产安全事故报告和调查处理条例》的精神，根据国家安监总局第15号令《安全生产违法行为行政处罚办法》第六十七条的规定以及国家安监总局（政法函〔2007〕39号）《安全参考》第二期的相关规定，生产经营单位既包括合法的基本单元，也包括非法的基本单元；生产经营活动，既包括合法的生产经营活动，也包括违法违规的生产经营活动。所以，经过批准的取得合法手续的生产经营发生的生产事故属于生产安全事故，未取得合法手续的生产经营单位发生的生产事故也属于生产安全事故；合法生产经营单位合法经营过程中发生的生产事故属于生产安全事故，合法生产经营单位违法违规的生产经营活动发生的生产事故更属于生产安全事故。

最后，必须理清自然灾害引发事故的定性。按照国家安监总局（政法函〔2007〕39号）《安全参考》第二期的规定，由于自然灾害引发事故的定性，如果属于不能预见或者不能抗拒的自然灾害（包括洪水、泥石流、雷击、地震、雪崩、台风、海啸和龙卷风等）直接造成的事故，那么该事故属于自然事故；反之，如果属于能够预见或者能够防范可能发生的自然灾害的情况下，因生产经营单位防范措施不落实、应急救援预案或者防范救援措施不力，由自然灾害引发造成人身伤亡或者直接经济损失的事故，那么该事故属于生产安全事故。

（2008-11-04）

严格四界限，依法调查处理生产安全事故

调查处理生产安全事故是安全生产监督管理的一项重要内容。在日常的事故调查处理过程中，不少基层监管监察人员对生产安全事故与非生产安全事故、事故发生单位与事故责任单位等界限把握不清，直接左右着事故调查处理工作的开展，依法高效调查处理事故必须正确认识它们之间的关系，严格加以区别。

一、严格区分生产安全事故与非生产安全事故，科学界定生产安全事故

根据《安全生产法》《生产安全事故报告和调查处理条例》（以下简称《条例》）以及国家安监总局关于生产安全事故认定有关文件精神，生产经营单位在生产经营活动中发生的造成人身伤亡或者直接经济损失的事故，属于生产安全事故。

因此，区分事故是否属于生产安全事故，关键看事故是否在生产经营活动（既包括合法的生产经营活动，也包括违法违规的生产经营活动）中发生。如果事故是在生产经营活动中发生，它又不是社会治安管理或者刑事案件，那么它一定是生产安全事故；反之，如果事故不是在生产经营活动中发生，比如正在使用中的民用建筑物垮塌造成的人身伤害事故，那么它一定不是生产安全事故。

另外，从事故发生的原因看，由不能预见或者不能抗拒的自然灾害（包括洪水、泥石流、雷击、地震、雪崩、台风、海啸和龙卷风等）直接造成的事故，属于自然灾害，而非生产安全事故。认清生产安全事故，这是正确履行职责，依法调查处理生产安全事故的前提。

二、严格区分生产安全事故发生单位与生产安全事故责任单位，科学界定事故责任单位

从严格意义上来说，两者不存在等同关系。事故发生单位不一定是事故责任单位，事故责任单位也不一定就是事故发生单位。具体来说，有事故发生并不一定存在事故责任单位，但有事故责任单位就必然会有事故发生。因为两者有先后顺序，先有事故发生，然后才可能有事故责任。也

就是说，发生事故是追究责任（此处责任单纯指生产安全事故责任，而非其他责任）的必要条件而不是充分条件。因为有些事故的发生是无法避免的，无法确定事故责任单位和责任人。

同时，由于现实生产经营活动出现的纷繁复杂的关系，尤其是生产经营环节中承包、承租、承揽合同的存在，事故发生单位与事故责任单位往往存在分离的现象，事故发生单位是承包、承租、承揽或者发包方中的一家生产经营单位，而事故责任单位则可能是其中的一家或者几家生产经营单位。

调查事故时，必须全面分析事故发生的原因，正确认定事故的性质，科学界定事故责任单位，这是调查处理事故的关键。

三、严格区分生产安全事故上报与行政处罚的范围，依法处罚事故责任单位

《〈生产安全事故报告和调查处理条例〉罚款处罚暂行规定》（国家安监总局第13号令）第十四条规定："事故发生单位对造成3人以下死亡，或者3人以上10人以下重伤（包括急性工业中毒），或者300万元以上1000万元以下直接经济损失的事故负有责任的，处10万元以上20万元以下的罚款。"

值得注意的是，这是生产安全事故处罚的下限，也就是说，《条例》对事故责任单位进行行政处罚的范围底线是，死亡1人以上，或者重伤（包括急性工业中毒）3人以上，或者直接经济损失300万元以上。这与国家安监总局《关于调整生产安全事故调度统计报告的通知》（安监总调度〔2007〕120号）规定的统计报告的下限直接经济损失100万元不一致。具体而言，造成100万元至300万元直接经济损失的生产安全事故属于统计上报的范围，但不属于行政处罚的范围。

在调查处理事故时，必须准确认定事故造成的直接经济损失，严格按照《〈生产安全事故报告和调查处理条例〉罚款处罚暂行规定》进行处理，不能降低事故直接经济损失的处罚下限，也不能因为直接经济损失小不能适应《条例》，而去适用其他的法规规章，不正确地行使自由裁量权。

四、严格区分事故调查与事故处理，依法实施处罚

按照《条例》第十九条的规定，事故按重大事故、较大事故、一般事故的等级分别由事故发生地省级、市级、县级政府负责调查。事故所在地政府调查事故可以直接组织事故调查组，也可以授权或者委托有关部门组织事故调查组进行调查。调查组组长由负责事故调查的政府指定，事故调查组延期提交事故调查报告，必须经负责事故调查的政府批准，事故调查报告必须报送负责事故调查的政府批复。

由此可见，负责事故调查的主体是事故发生地政府，而不是政府的某一监管部门。但事故调查报告经负责事故调查的政府批复后，处理事故的不再是当地政府了，依据《条例》的第三十二条规定，承担事故处理的主体包括三类，一是事故所在地政府有关机关，二是事故发生单位，三是司法机关。这三类主体职责不同，处理的对象各异，但有一点是共同的，那就是按照各自的权限和程序，在各自的范围内处理相关的责任人员。安全监管部门必须分清调查与处理的不同主体，依法行政，既不能越位，也不能缺位，更不能滥用职权。

事故调查处理涉及方方面面，我们必须以《安全生产法》《条例》为准绳，以《企业职工伤亡事故分类标准》（GB6441-86）《企业职工伤亡事故调查分析规则》（GB6442-86）为依据，辩证分析各类关系，严格把握各自界限，全面履行职责，合理认定事故损失，科学分析事故原因，准确划分事故责任，认真遵守法定程序，依法追究事故责任。

（2008-03-21）

坚持四原则，依法调查处理生产安全事故

2007年6月1日起施行的《生产安全事故报告和调查处理条例》（以下简称《条例》），是在总结了1989年3月29日国务院令第34号公布的《特别重大事故调查程序暂行规定》及1991年2月22日国务院令第75号公布的《企业职工伤亡事故报告和处理规定》实施经验的基础上，制定的一部全面、系统地规范生产安全事故报告和调查处理的综合性行政法规。严格依法报告和调查处理生产事故，必须坚持四个基本原则。

事故调查处理的责任主体上，坚持政府领导、分级负责的原则

依照《条例》第十九条的规定，特别重大事故由国务院或者国务院授权有关部门组织事故调查组进行调查。重大事故、较大事故、一般事故分别由事故发生地省级人民政府、设区的市级人民政府、县级人民政府负责调查。省级人民政府、设区的市级人民政府、县级人民政府可以直接组织事故调查组进行调查，也可以授权或者委托有关部门组织事故调查组进行调查。同时，《条例》的第三十二条还规定，事故调查报告由负责组织事故调查的有关人民政府负责批复。

上述规定与《企业职工伤亡事故报告和处理规定》有根本的不同。依照《企业职工伤亡事故报告和处理规定》第十条、第十四条的规定，事故调查组有企业主管部门会同劳动部门（安监部门）、公安部门、监察部门、工会组成。事故调查组在查明事故情况后，如果对事故的分析和事故责任者的处理不能取得一致意见，劳动部门有权提出结论性意见；如果仍有不同意见，应当报上级劳动部门商有关部门处理。由此看见，负责事故调查处理的主体是企业主管部门和劳动部门（安监部门）。

适应这一变化，安监部门一定要转变角色，转变职能，坚持职权法定原则和权责一致原则，在同级政府的统一领导下，依法行使职权，不可固守陈规，不超越职权，承担过重的额外负担。

在事故调查处理的对象上，坚持重点突出，兼顾全面的原则

依照《条例》第二条的规定，事故调查处理的对象，即《条例》的适

用范围是生产经营活动中发生的生产安全事故的报告和处理，也就是说条例适用的主体主要是生产经营单位。为了使非生产经营单位发生的事故的报告和调查处理有法可依，本条第二款规定，国家机关、事业单位、人民团体发生的事故的报告和调查处理，参照本条例的规定执行。这与《企业职工伤亡事故报告和处理规定》第二十四条规定的精神是一致的。

《企业职工伤亡事故报告和处理规定》适用范围是中华人民共和国境内的一切企业。前后对比，《条例》的适用范围更广，它是指包括企业在内的一切生产经营单位。适用社会主义市场经济的发展，它不仅包括企业，还包括法人单位、个体工商户等多种经济成分。

适用这一变化，安监部门根据《安全生产法》和同级政府行政编制赋予的职权，不仅要监督监查属地范围内的一切企业，而且要监督监查包括企业在内的一切生产经营单位。《条例》中所讲生产经营活动，按照全国人大常委会《安全生产法》的释义，既包括资源的开采活动，各种产品的加工和制造活动，也包括各类工程建设和商业、娱乐业以及其他服务业的经营活动。不属于生产经营活动中的安全问题，如公共场所的安全问题、消费过程中的产品安全问题等，都不属于生产安全问题。所以，安监部门在事故调查处理过程中，首先要认定事故是在生产经营活动中发生的还是在非生产经营活动中发生的。然后根据事故的性质，有针对性地采取监管措施，只有这样，才能做到尽职尽责，不渎职，不失职，全面依法行政，切实依法行政。

在事故处理的法律适用上，坚持特殊优于一般的原则

依照《条例》第十九条的规定，特别重大事故由国务院或者国务院授权有关部门组织事故调查组进行调查。重大事故、较大事故、一般事故分别由事故发生地省级人民政府、设区的市级人民政府、县级人民政府负责调查。省级人民政府、设区的市级人民政府、县级人民政府可以直接组织事故调查组进行调查，也可以授权或者委托有关部门组织事故调查组进行调查。与此同时，为了兼顾民航、铁路、道路交通、水上交通、特种设备等行业和领域的特殊性，《条例》第四十五条规定，法律、行政法规或者国务院另有规定的，依照其规定。也就是说，特种设备事故的调查处理，火灾事故、道路交通事故、海上船舶事故、内河船舶事故的调查处理，属于国务院或者有关法律、行政法规另有规定的情形，按照特殊法优于一般法的原则，这些领域里的事故，由相应的执法部门（上述领域分别由质检部门、消防部门、公安交通管理部门、港务管理机构、海事管理机构）按照各自的职权进行处理，不适用本规定。

这是《企业职工伤亡事故报告和处理规定》颁布实施后，根据新形势的变化，依据安全生产领域的综合性基础性法律《安全生产法》确定的监管体制，做出的衔接性法律规定，以维护法制的统一和法律体系的和谐。

适用这一变化，安监部门必须准确定位，有所为有所不为，既不能代替、包揽相关部门的工作，也不能无所不为、袖手旁观；既要加强监督检查、推动工作，又不能陷于具体部门的直接监管工作中。在法律赋予的职权范围内，严格按照国务院和各级政府“三定方案”明确规定的职责范围内，依法履行职责，不推诿，不越位，不缺位，切实做到依法进行事故的调查和处理，实现事故查处的目的。

在事故责任的追究上，坚持联合执法的原则

联合执法是《安全生产法》确立的基本原则。《安全生产法》第六十条规定，负有安全生产监督管理职责的部门在监督检查中，应当互相配合，实行联合检查；确需分别进行检查的，应当互通情况，发现存在的安全问题应当由其他有关部门进行处理的，应当及时移送其他有关部门并形成记录备查，接受移送的部门应当及时进行处理。

《条例》在《企业职工伤亡事故报告和处理规定》的基础上，适应形势的变化，在坚持联合执法的基础上，根据谁主管谁负责、谁审批谁负责的原则，按照职权法定的原则，发展了这一原则。《条例》第三十二条第二款规定，有关机关应当按照人民政府的批复，依照法律、行政法规规定的权限和程序，对事故发生单位和有关人员进行行政处罚，对负有事故责任的国家工作人员进行处分。

不仅如此，《条例》继承了《安全生产法》的精神，重申了安监部门在生产安全事故罚款方面的主体地位，《条例》第四十三条规定，本条例规定的罚款的行政处罚，由安全生产监督管理部门决定。

根据这一规定，安监部门在实施罚款时，不仅要明确事故发生单位是否属于职责范围内，法律法规依据是否正确，还要处理好综合监管和行业监管的关系。比如某一建筑企业发生生产安全事故，根据情况，安监部门可以根据本《条例》对企业负责人和企业处以罚款，而建设行政主管部门则可以根据《建筑法》或者《建设工程安全生产条例》降低资质等级或者吊销企业的相关证照。不管怎样，监管部门必须在各自的职责范围内，严格依法处罚，避免重复处罚。

监察部、公安部、司法部、国家安监总局和最高人民法院、最高人民检察院2007年10月12日联合召开的重特大生产安全事故责任追究沟通协调工作部际联席会议第一次会议，为部门之间联合执法开创了先例，必将为生产安全事故调查和处理制度化建设积累经验。

总之，从负责事故处理的责任主体、事故调查处理的对象、法律适用，到主管部门，依法行政一以贯之，作为生产安全生故综合监管的安监部门必须转变认识，坚持职权法定，权责一致，严格依法办事，实现事故调查和处理的目标。

（2008-04-23）

事故调查和处理必须厘清的几个问题

《生产安全事故报告和调查处理条例》（国务院493号令）颁布施行已经三年多了，在三年多的执行过程中，基层政府、部门和企业存在着一些误区和不正确的做法，这些认识和行为违背《生产安全事故报告和调查处理条例》的规定，直接影响着生产安全事故的报告和调查处理，影响政府形象和信誉，必须加以区分，严格依法办事。

一、必须厘清事故报告、事故调查和事故处理的三种主体

从事故报告的主体看，按照《生产安全事故报告和调查处理条例》第九条、第十条的规定，事故报告的主体有两类，即企业和政府部门。对企业而言，事故发生后，事故现场有关人员应当立即报告单位负责人，单位负责人接到报告后一小时内向县级安监部门和负有安全生产监管职责的有关部门报告。对政府部门而言，安监部门和负有安全生产监管职责的有关部门接到报告后，按规定逐级上报上级安监部门和负有安全生产监管职责的有关部门，并同时报告同级人民政府。为进一步落实这一规定，《生产安全事故报告和调查处理条例》第十八条规定，安监部门和负有安全生产监管职责的有关部门应当建立值班制度，并向社会公布值班电话，受理事故报告和举报。在具体实际工作中，许多企业，尤其是企业从业人员以及从业人员的家属，往往在事故发生后，直接向公安部门或者劳动部门，很少到安监部门报告和举报。

从事故调查主体看，《生产安全事故报告和调查处理条例》第十九条规定，按照事故等级，特别重大事故、重大事故、较大事故、一般事故分别由国务院或者其有关部门，事故发生地的省级、设区的市级、县级人民政府负责调查。虽然省级、设区的市级、县级人民政府可以授权或者委托有关部门组织事故调查组进行调查，但事故调查的主体是不同级别的人民政府。具体而言，事故调查的主体是有关人民政府、安监部门、负有安全生产监管职责的有关部门、监察机关、公安机关以及工会组成的事故调查组代行人民政府进行调查，事故调查报告由事故调查组向负责事故调查的人民政府提交。也就是说，事故调查的主体是对应事故等级的不同的人民政府，提交报告的是代行人民政府职权的事故调查组，而不是调查组的某一组成部门。

从事故处理的主体看，《生产安全事故报告和调查处理条例》第三十二条规定，有关机关应当按照人民政府的批复，依照法律、行政法规规定的权限和程序，对事故发生单位和有关人员进行行政处罚，对负有事故责任的国家工作人员进行处分。事故发生单位应当按照负责调查的人民政府的批复，对本单位负有事故责任的人员进行处理。负有事故责任的人员涉嫌犯罪的，依法追究刑事责任。由此可见，事故处理的主体至少有四类，即人民政府有关行政机关、监察机关、事故发生单位以及司法机关，它们分别按照各自的职责权限，对事故发生单位和有关人员进行行政处罚，对负有事故责任的国家工作人员进行处分，对企业负有事故责任的人员进行处理，对涉嫌犯罪的事故责任人员，依法追究刑事责任。这里一定区分事故调查主体和事故处理主体，两者相互分离，但又密切联系。同时一定不要把事故处理简单看成是安监部门自己的事。

二、必须厘清责任追究的主体、依据和形式

从责任追究的主体看，根据《安全生产法》和国务院493号令等相关法律法规的立法原则及其具体规定，法律责任追究的主体不外乎两类，一是事故责任单位，二是事故责任人员，包括事故责任单位的主要负责人、有关人员以及有关人民政府、安监部门和负有安全生产监管职责的有关部门及其责任人员。按照事故调查报告认定的事故性质和事故责任，追究相对应的责任单位和责任人员，对事故调查报告认定非责任事故的，不能进行责任追究。

从责任追究的法律依据看，生产安全事故责任追究的法律依据既有《安全生产法》，又有国务院493号令，还有地方性法规。在依据事故调查报告进行责任追究时，必须严格依据事故发生的事实，依据事故的责任，按照自由裁量规范，适用正确的法律法规。在适用法律法规时，必须按照法律效力原则，优先适用法律效力高的；法律效力相同时，优先适用特别规定，优先适用新的法律法规，不能凭借办案人员、单位的主观喜好，或者考虑其他不应考虑的因素，选择不适合的法律法规条文。

从责任追究的形式看，不论《安全生产法》，还是国务院493号令都明确规定，生产安全事故法律责任追究规定的罚款的行政处罚，由安全生产监管部门决定。在实践中，执行《安全生产法》和《生产安全事故报告和调查处理条例》，追究事故责任单位和有关责任人员经济处罚，安全生产监管部门责无旁贷，不能因为其他事故调查组的分工或者其他因素，不履行这一法定职责。至于依法暂扣或者吊销有关证照，依法暂停或者撤销与安全生产有关的执业资格、岗位证书等，那要根据有关负有安全生产监管部门的职权，由不同的部门依法行使。在生产安全事故责任追究上，必须明确各相关单位的职责权限，既严格履职，做到不缺位，不越位，又要相互配合，全面追究事故责任单位及其有关人员的法律责任。

厘清上述问题，不仅需要加大法律法规，尤其是《安全生产法》《生产安全事故报告和调查处理条例》的宣传力度，让企业及其全体从业人员、全社会所有人员都能做到熟识熟记于胸，而且需要建立健全生产安全事故报告和调查处理的工作规则、工作机制，明确事故调查组的职责分工、工作程序，更需要相关部门严格执法，依法行政，从严查处事故责任单位和有关人员。

（2010-03-27）

乡镇安监所安全监管必须解决的几个问题

乡镇、街道是安全生产监督管理的最基层，乡镇（街道）安监所作为乡镇、街道安全生产监督管理的机构，在负责本行政区域内的安全生产监督管理工作时，必须解决好以下几个问题。

一是职责、职权来源何处。这是乡镇（街道）安监所开展安全生产监督管理首先要解决的问题。对于乡镇人民政府、街道办事处根据安全生产监管工作的需要成立的安监所，不外乎两种情况，一种根据乡镇人民政府、街道办事处的职责分工，按照乡镇人民政府、街道办事处的部署要求，负责本行政区域内的安全生产监督管理工作；另一种接受县一级人民政府安全生产监督管理部门的委托，在委托职责范围内行使安全生产监督管理职权。我国现有的安全生产法律对乡镇、街道安监所的职责和设置没有没有明确的规定，乡镇（街道）安监所开展安全生产监督管理工作必须明确各自的职责和职权，这是依法行政的基本要求。

二是职责、职权范围多大。这是乡镇（街道）安监所开展安全生产监管工作的手段和措施，不解决这一问题，安全生产监管工作没法进行。对于未接受县一级人民政府安全生产监督管理部门委托的乡镇（街道）安监所，代表乡镇人民政府、街道办事处行使乡镇人民政府、街道办事处安全生产管理职责；接受县一级人民政府安全生产监督管理部门委托的乡镇（街道）安监所，既承担乡镇人民政府、街道办事处安全生产管理职责，又必须履行县一级人民政府安全生产监督管理部门委托的安全生产监督管理职责，在委托的职责范围内开展监管工作。

三是履行职责的方式是什么。乡镇（街道）安监所职责、职权来源和范围的不同，决定了各自履行职责、行使职权的方式。未接受县一级人民政府安全生产监督管理部门委托的乡镇（街道）安监所，代表乡镇人民政府、街道办事处行使乡镇人民政府、街道办事处安全生产管理职责，自然使用乡镇人民政府、街道办事处的检查文书；接受县一级人民政府安全生产监督管理部门委托的乡镇（街道）安监所，情况相对较复杂，一般而言要使用县级安全生产监督管理部门的检查指令书，加盖的是县级安全生产监督管理部门的印章，乡镇（街道）安监所在委托职责范围内的行为产生的法律后果由县级安全生产监督管理部门承担。

四是行政处罚如何进行。按照《安全生产违法行为行政处罚办法》（国家安监总局令第15号）第十二条规定："安全监管监察部门根据需要，可以在其法定职权范围内委托符合行政处罚法第十九条规定条件的组织或者乡镇人民政府、城市街道办事处设立的安全生产监督管理机构实施行政处罚。"如果县级安全生产监管监察部门委托乡镇（街道）安监所实施行政处罚，乡镇（街道）安监所在委托的范围内，遵守法定程序，以委托的安全监管监察部门名义实施处罚。反之，安监所必须与县级安监部门协调好关系，提请县级安监部门实施行政处罚。

乡镇（街道）安监所安全生产监管的困境，急需完备的安全生产法律法规加以解决。在安全生产法律法规没有明确界定之前，采用委托方式进行安全生产监管的乡镇（街道）安监所一定要增强法治意识，明确职责，严格依法行政。

（2010-02-07）

委托乡镇政府安全生产行政处罚要慎重

近日，看到一些媒体关于加大乡镇安全生产监管力度的报道，称某地县级安监部门委托乡镇人民政府（街道办事处）进行行政处罚。笔者认为，为乡镇安全生产监管体制机制是当下安监系统普遍需要探索的突出问题，也是制约当前基层安全生产工作的瓶颈，因此，尽管仅仅是这一提法不合理，但从它直接关系到安全生产执法主体的合法性问题，所以还是有必要“小题大做”，在这里澄清一下，县级安监部门不能委托乡镇人民政府进行行政处罚，委托行政处罚的主体只能是事业性质的安监所。

《行政处罚法》第十八条规定：“行政机关依照法律、法规或者规章的规定，可以在其法定权限内委托符合本法第十九条规定条件的组织实施行政处罚。”第十九条规定：“受委托组织必须符合以下条件：（一）依法成立的管理公共事务的事业组织；（二）具有熟悉有关法律、法规、规章和业务的工作人员；（三）对违法行为需要进行技术检查或者技术鉴定的，应当有条件组织进行相应的技术检查或者技术鉴定。”

因此，负责安全生产监督管理职责的安监部门委托行政处罚，第一，必须要以法律、法规或者规章明确规定为依据。县级安全生产监督管理部门委托乡镇（街道）安监所行政处罚有明确的法律依据。2008年1月1日起施行的《安全生产违法行为行政处罚办法》（国家总局第15号令）第十二条规定：“安全监管监察部门根据需要，可以在其法定职权范围内委托符合行政处罚法第十九条规定条件的组织或者乡镇人民政府、城市街道办事处设立的安全生产监督管理机构实施行政处罚。受委托的单位在委托范围内，以委托的安全监管监察部门名义实施行政处罚。”因此，县级安全生产监督管理部门委托乡镇（街道）安监所行政处罚符合条件，合法有效。第二，受委托的组织应当是依法成立的管理公共事务的事业组织，并有熟悉有关法律法规和业务的人员，并有条件组织相应的技术检查或者技术鉴定。受委托的组织必须是事业单位，不能是行政机构。乡镇人民政府、街道办事处都是行政机关，不是事业组织，不能成为行政处罚被委托的对象。

这里，必须区分委托行政执法和委托行政处罚、委托行政许可的区别。委托行政执法，是指行政主体（委托单位）将职责范围内的有关执法职权，依照法律、法规或者规章的规定委托另一行政主体或其他组织（受委托单位），另一行政主体或其他组织以委托人的名义行使执法职权，其行为结果由委托单位承担的法律制度。从委托行政执法的这一含义来看，委托执法必须具备以下四个条件：（一）委托单位必须是行政机关，受委托单位是另一行政机关或者其他组织；（二）委托必须在委托单位法定职权范围内进行，并且要有法律法规规章的明确规定；（三）受委托单位只能以委托单位的名义行使职权，所产生的法律后果由委托单位承担；（四）委托的依据、事项、内容、范围、期限、要求和责任必须明确具体，并要履行书面委托手续。

根据上述《行政处罚法》第十八、十九条的规定，委托实施行政处罚，除了符合上述条件外，还有特别要求：受委托单位必须是依法成立的、对违法行为有条件组织相关技术检查或者技术鉴定的管理公共事务的事业组织。

按照《行政许可法》第二十四条的规定，委托实施行政许可，除了符合上述条件外，还特别要求：受委托单位必须是其他行政机关，委托机关应当将受委托机关和受委托实施行政许可的内容予以公告。接受委托后，受委托机关不得再委托其他组织或者个人实施行政许可。

综上所述，县级安监部门依照法律法规或者规章的规定，可以将职责范围内的有关执法职权、行政许可职权委托乡镇（街道）政府（办事处）行政执法、行政许可，但行政处罚只能委托依法成立的管理公共事务的安监所。

现在不少县级政府进行强镇扩权改革，扩大乡镇许和执法权限。县级安监部门适应这一形势，严格依照法律法规和规章的规定进行委托，为便于实施，可以直接委托乡镇安监所行政执法和行政处罚。

（2009-10-17）

委托乡镇安监所安全监管的几点思考

按照现行的安全监管体制机制，县级安全监管部门负责安全生产监督管理工作，乡镇安监所只能受县级安监部门的委托，进行安全生产监管和行政执法。在乡镇安监所接受委托进行安全监管和执法过程中，有几个问题需要仔细研究值得思考。

一是委托监管和执法的法定依据。《山东省安全生产条例》第六条第二款规定，乡（镇）人民政府和街道办事处承担安全生产监督管理职责的机构接受县级人民政府安全生产监督管理部门的委托，负责职责范围内的安全生产监督管理工作，并接受其业务领导。

《安全生产违法行为行政处罚办法》（国家安监总局15号令）第十二条规定，安全监管监察部门根据需要，可以在其法定职权范围内委托符合行政处罚法第十九条规定条件的组织或者乡镇人民政府、城市街道办事处设立的安全生产监督管理机构实施行政处罚。受委托的单位在委托范围内，以委托的安全监管监察部门名义实施行政处罚。在委托乡镇（街道）安监所安全监管和行政执法时，务必明确委托的法定依据，把握被委托的乡镇（街道）安监所的性质和条件，决定委托的事项。

二是委托监管和执法的法定权限。不论是依据法规还是规章，乡镇（街道）安监所进行安全生产监督管理和行政执法首先必须明确委托监管和执法的权限范围。依据地方性法规规定，安全生产行政检查、责令改正、行政强制措施以及安全生产行政许可可以委托给行政机关，可以委托给乡镇人民政府。是否委托给乡镇（街道）安监所这需要县级安监部门法制部门仔细研究。执法处罚取决于委托的范围大小，是简易程序还是一般程序，一般程序又到哪一范围等，都要详细界定。

三是委托监管和执法的业务培训。乡镇（街道）安监所作为被委托监管和执法部门，必须接受委托部门的业务领导。县级安全生产监督管理部门对乡镇（街道）安全监管和执法人员定期进行业务培训，提高监管执法人员的监管监察知识水平和业务素质。按照《安全生产违法行为行政处罚办法》（国家安监总局15号令）的规定，委托的安全监管监察部门应当监督检查受委托的单位实施行政处罚，并对其实施行政处罚的后果承担法律责任。建立健全安全监管和执法监督制度，通过监管业务考核、监管执法案卷评比、岗位练兵等活动，不断提升安全监管和执法水平。

四是委托监管和执法的文书使用。乡镇（街道）安监所在委托职责范围内的行为产生的法律后果由县级安监部门承担，乡镇（街道）安监所在委托职责范围内开展安全监管和行政执法，必须以委托安全监管监察部的名义进行，使用全国统一的安全监管行政执法文书，加盖委托监管监察部门的公章，严格执法文书使用，规范执法文书制作，提高依法行政水平。

委托乡镇（街道）安监所安全监管和执法工作，需要建立健全乡镇（街道）安全监管机构建设，加强队伍建设，加大安全投入，加强领导，健全体制机制，不断提升安全监管层次和水平。

（2009−10−27）

乡镇安监所安全监管必须处理好四个关系

乡镇（街道）安监所作为最基层的安全监管机构，由于体制的因素，“出身”于乡镇（街道），是乡镇（街道）的工作部门，承担着乡镇政府、街道办事处安全监管的职责，接受县级安监部门的委托，负责职责范围内的安全生产监督管理工作，并接受其业务领导（《山东省安全生产条例》做了规定）。乡镇（街道）安监所在安全生产监督管理时必须明确正确处理上下左右的关系，严格依法行政。

一、科学定位，理清与乡镇人民政府、街道办事处的关系

乡镇（街道）安监所的隶属关系决定了安监所只能是乡镇人民政府、街道办事处的一个工作部门，是具体负责本行政区域内安全生产监督管理工作的一个职能站所。按照国家三定方案的规定，承担乡镇人民政府、街道办事处督促和检查本地区安全生产工作的职责，承担乡镇人民政府街道办事处安委会办公室的职责。因此，乡镇（街道）安监所在安全监管过程中，首先要明确监管监察的主体是哪一个，是代表乡镇（街道）还是委托机关。

二、依法行政，明确与委托部门县级安监部门的关系

委托执法只能以委托单位的名义进行。乡镇（街道）安监所接受委托进行执法，必须明确县级安监部门委托的职权范围，在委托职责范围内执法。因此，安监所在委托执法时，必须转变身份，安监所代表的不仅仅是乡镇（街道），更是县级安监部门，使用的文书必须是加盖县级安监部门公章的执法文书。在行政处罚时，牢牢把握处罚权限，必须遵守处罚时限，及时到县级安监部门审批、备案。

三、加强协调，明确与乡镇（街道）相关部门的关系

乡镇（街道）安监所在日常监管监察过程中，与乡镇派出所、工商所等相关部门联系频繁，尤其在联合执法时更是如此。同样作为乡镇（街道）部门，协调好与它们的关系，指导、督促它们依法履行安全监管职责是安监所承担乡镇（街道）安委会办公室的一项非常重要的职责。在履行这一职责时，必须把握好度，明确自己的地位，一定注意是乡镇（街道）安委会办公室在行使职权，不是安监所，更不是县级安监部门委托执法。

四、坚持领导，明确与县级执法监察机构的关系

根据《山东省安全生产条例》的规定，乡镇（街道）安监所受县级安监部门的委托，负责职责范围内的安全生产管理工作，接受其业务领导。因此乡镇（街道）安监所在开展安全生产管理工作时，要自觉接受县级安监部门的业务培训、指导，按照上级安全监管的有关要求，做好本地安全监管工作。

（2008-11-12）

完善镇街安全监管机制，夯实安全生产基层基础

近年来，诸城市坚持关口前移、重心下移，把镇街（园区）安全监管机制建设作为夯实安全生产工作基层基础的重要抓手，不断健全安全监管队伍，完善安全监管机制，强化安全监管执法，有效提升了基础安全监管水平，保持了全市安全生产形势持续稳定。2011年被国务院安委会办公室确定为全国安全生产标准化建设示范试点市，2012年被国家安全监管总局确定为全国安全隐患排查治理信息系统建设重点示范样板地区。2012年、2013年、2015年，被省政府安委会表彰为省安全生产基层基础先进县（市、区）。

一、抓机构，健全完善安全监管体系

市委、市政府高度镇街安全监管机构建设，早在2004年4月，率先在13处乡镇（街道）成立安监所，每所定编3人，建立起市安监局、监察大队和乡镇安监所“三位一体”的监管体系。时任副省长王仁元对我市安监队伍建设作出重要批示：“推广诸城市安监体系建设经验，建立一支依法管理、执法严格的安全生产监管队伍”。近年来，随着经济社会的发展进步，先后多次为充实镇街（园区）监管力量。一是建立镇街（园区）安全生产委员会。在调整充实市政府安全生产委员和15个专门委员会的基础上，推动16处镇街（园区）建立了由镇街（园区）党（工）委书记担任主任、镇长（主任）担任副主任的安全生产委员会，作为镇街（园区）非常设议事协调机构，负责组织协调辖区安全生产工作。二是健全镇街（园区）安全生产监管机构。2015年市委编委会印发《关于健全完善安全生产监管体系的意见》，在镇街（园区）重新单独设立安全生产监督管理机构；市委市政府印发《关于进一步加强安全生产工作的意见》，要求各镇街（园区）安全监管机构专职安全监管人员配备职数不低于总人口的万分之一。2016年，落实鲁政办发〔2016〕6号文件，全市16处镇街（园区）全部设立行政性质的安全生产监督管理办公室，主任一律由镇街（园区）常务副镇长（主任）兼任，副科级副主任已到位8人。目前，全市16处镇

街（园区）安全监管办公室人员达到118人。三是强化社区安全监督管理员队伍。全市235个城乡社区设立安全监督管理办公室，固定专人负责安全生产工作，督促网格员将监管责任延伸到每一家生产经营单位，形成上下贯通、纵横交织、协调一致的工作推进体系。

二、建制度，加快推进安全监管规范化

全面落实属地管理与分级管理相结合，以属地管理为主的原则，建章立制，加强指导，深化镇街安全监管工作。一是推进监管职责明晰化。市政府组织市编办、法制局、安监局，依据有关法律法规和我市安全生产工作实际，对镇街（园区）安全监管职责进行了梳理，制定下发了《诸城市镇街、部门安全生产监督管理职责》，进一步明确了镇街（园区）安全监管机构和社区安全监督管理办公室的工作职责。同时，建立局中队与属地安监机构联动执法制度，由局包靠中队负责指导镇街（园区）安监机构监管检查并处理镇街安监机构上报的处罚案件和重大隐患查处。二是推进监管监察规范化。为加强基层安全生产工作，促进安全生产管理规范化，市政府先后制定下发了《诸城市生产安全事故隐患排查治理办法》《诸城市安全生产应急管理办法》等14个管理规定和《诸城市聘请安全专家查隐患工作制度》《诸城市安全生产台账管理制度》等六项制度。市政府安委会办公室组织专门力量，依据国家法律法规和安全生产标准化规范，梳理了29个行业及重点场所的检查细则，汇编成《安全生产执法检查规范》，印发各镇街（园区）安全监督管理人员，并指导帮助其按规范开展监督检查，收到了较好效果。三是推进监管工作常态化。通过市政府专题会议和市政府安委会每一季度行动方案等有效途径，督促各镇街（园区）安全监管机构发挥安办综合协调职能，组织整合监管力量，根据季节特点，突出重点行业领域和重点企业、危险岗位、关键部位，开展不间断排查检查，深化专项整治，及时消除隐患。实行日查、周报、月汇总制度，市政府安委会办公室对汇总发现的面上突出问题，分别以督查通报、安监提示、预警通报等形式下发镇街（园区）安全监管机构，督促抓好落实，提升预防控制能力。四是推进风险隐患台账化。按照全省安全生产隐患“大快严”集中行动、企业落实主体责任专项检查和风险隐患排查治理体系建设等部署要求，组织开展大检查和专项督查，推动镇街（园区）深化风险管控和隐患排查治理体系建设。目前，16处镇街（园区）安监机构组织2274家企业报送了“一镇一册”，确认风险点24546个。在此基础上，制定印发了全市重大危险源和较大危险因素单位、较大人员密集场所、涉氨企业安全监管责任。建立风险防控和隐患排查半月报告制度，及时汇总工作情况、发现问题，并通过召开专题会、组织开展专项检查等形式，强化预警预防，确保警钟长鸣、常抓不懈。

三、强管理，持续提升安全监管水平

一是落实安全监管投入。加强安全监管机构标准化建设，各镇街（园区）为安全监管配备必需的检查车辆和装备，足额安排安全监管所需经费，所有安全监管人员全部按照人社部〔2012〕55号文件要求落实岗位津贴。二是加强安全教育培训。每年3月，市政府组织开展“安全生产集中教育培训月”活动，首期班邀请省以上领导、专家专题培训包括镇街（园区）党政主要负责人员和安监机构全体人员在内的安全监管人员。持续实施素质提升工程，坚持周学习、季培训，定期组织开展业务培训、执法比武、专题调研和外出参观学习，提升安全监管综合素质，打造专家型、专业型、廉洁型安监队伍。严格落实安全监管人员持证上岗和继续教育制度，鼓励安全监管人员报考注册安全工程师等职业资格，目前已有28人取得注册安全工程师资格。三是深化工作作风建设。修订完善安监队伍学习、考勤请假、禁酒、考核奖惩等16项管理制度，实现用制度管人管事。坚持廉政监督卡制度，安全监管人员深入企业开展监督监察，自觉出示廉政监督卡，接受监管服务对象的监督。深化作风建设年活动，强化责任意识，严格落实安监人员“五不准”“九禁令”，努力建设一支政治强、思想好、作风正、能力强的高素质安监队伍，保障监管执法的公正、清廉、高效。四是强化日常督查考核。每年初，市政府与镇街及市直部门单位、镇街及市直部门单位与所属机构及企业层层签订安全生产目标责任书，将镇街安全监管机构工作纳入年度科学发展综合考核，市委市政府督查局联合市政府安委会办公室加强督查检查，定期通报安监机构工作情况，对因工作不到位、措施不得力导致事故的镇街（园区），严格责任追究，实行“一票否决”。

（2017-03-14）

信息宣传

山东诸城：强化“三镜”观念治隐患

本报讯 山东诸城市安监局结合该市实际，强化显微镜、望远镜、放大镜“三镜”观念，深入开展隐患排查治理工作。

一是强化显微镜观念。该局会同行业主管部门和生产经营单位，深入剖析每一处隐患，举一反三，总结原因，制订治理措施，建立查一点连一面带一片的联动机制。

二是强化望远镜观念。发挥综合监管职能，统筹规划，完善危险化学品、非煤矿山、烟花爆竹、工矿商贸等各领域各行业全过程的隐患排查治理方案，优化全年隐患排查治理工作明细表。

三是强化放大镜观念。借助协会和专家办的作用，邀请中介机构，细致入微，仔细查找高危行业生产经营单位每一处场所的隐患，建立面面俱到的细化隐患检查制度。

截至目前，诸城市隐患排查治理已进入第二阶段，并对存在较大隐患的30家生产经营单位实施挂牌督办。

（《中国安全生产报》2008-04-17）

山东诸城：出台应急管理办法

本报讯 近日，山东省诸城市政府印发《诸城市安全生产应急管理办法》（以下简称《办法》），对镇街（园区）、部门和生产经营单位开展安全生产应急管理活动进行规范。该《办法》明确规定，各镇街（园区）、部门和生产经营单位应邀请行业领域安全技术专家，组建应急救援专家队伍，让其参加应急处置工作，提供决策建议和技术支持。同时，应加强事故风险监测，坚持事故风险信息月报制度，高危行业重点单位实行每周一报。

（《中国安全生产报》2015－10－10）

山东省诸城市安监局：建安监工作公开制度

本报讯 近日，山东省诸城市安监局建立并推行安监工作公开制度：一是利用全市安全生产工作会议下发文件，公开年度、季度安全生产检查计划、检查方案；二是通过发放法律法规明白纸等形式，公开检查的依据，检查人员下达责令改正通知书的同时，必须采用书面形式告知所列事项的出处；三是以服务卡的形式，公开监察人员的执法证件号码和监督举报电话，安全生产服务事项的办理程序、时限和材料准备等内容。

（《中国安全生产报》2008－04－29）

山东省诸城市安监局：建监察工作日志制度

本报讯 近日，山东省诸城市安监局建立和推行监管监察人员工作日志制度。工作日志应详细记录监管监察单位、监察文书种类、隐患排查的内容、整改的要求与期限、监管监察的流程及当日的学习体会等。工作日志每天下班前写好、每周五下班前汇总本周情况，报法规科，由法规科集中整理报领导审核。通过设立工作日志制度，增强了内部监督和约束机制，也为安监人员提供了详细的档案资料。

（《中国安全生产报》2008－12－23）

山东诸城：建危化品特勤中队

本报讯 山东省诸城市公安消防大队危化品特勤中队于6月底组建完成，7月正式开展工作。危化品特勤中队编制为15人，其中招考12人，调剂3人。危化品特勤中队的主要职责为加强全市石油、液氮、液氨、液氯、油漆、燃气、乙炔等危险品生产经营和储存运输等安全监管，指导和组织危险品生产经营单位事故应急救援预案演练，参与和指挥危险品生产经营单位事故的抢险和救援。

（《中国安全生产报》2008-07-03）

山东诸城：每月通报标准化建设情况

本报讯 今年，山东省诸城市被确定为全国安全生产标准化建设示范试点城市，是全国四个示范试点城市中唯一一个县级市。为全民推动安全生产标准化建设，目前，该市出台鼓励标准化建设暂行办法，将安全生产标准化建设纳入市委、市政府、镇街科学发展综合考核和部门年度工作考核，凡是因标准化建设组织不力、协调不够或者年度完不成标准化建设达标任务的，实行“一票否决”，取消评先树优资格。为严格落实责任，该市成立专门督查机构，加大考核力度，建立月度通报制度，不定期对各镇街、部门组织开展标准化建设情况进行考核通报，并将通报情况记入年度考核结果。

（《中国安全生产报》2011-07-07）

山东省诸城市安监局："三报连奏"促隐患整改

本报讯 山东省诸城市安监局坚持安全预警通报、重大安全隐患专报和督查通报"三报连奏"，全力推进隐患整改。在全市乡镇（街道）、部门排查隐患的基础上，市政府安委办总结问题，提出整改要求与建议，形成安全预警通报，下发乡镇（街道）、部门，采取措施防患于未然。对检查发现的重大安全隐患以重大安全隐患专报上报市政府，市长批示、分管副市长提出整改措施后，下发乡镇（街道）、部门，迅速组织整改。同时，市政府安委办联合市委、市政府督查室对隐患治理工作情况开展督查，形成督查通报上报市委、市政府，市委、市政府主要负责人签批后，由乡镇（街道）、部门抓落实。

（《中国安全生产报》2011-09-06）

山东诸城：双基纳入"一票否决"

本报讯 近日，山东省诸城市政府与各乡镇（街道）政府、开发区安委会签署了2009年度安全生产责任书，明确了市政府安全生产年度考核办法，规定了硬性指标。

考核办法将乡镇（街道）政府、开发区管委会加强安全生产"双基"的指标纳入"一票否决"项目，其中包括各地监管经费不少于当地GDP的0.002%，100%的生产经营单位建立健全了安全生产规章制度和操作规程，100%的建设项目安全设施通过"三同时"验收，生产经营单位主要负责人、安全生产管理人员、特种作业人员100%持证上岗，100%的生产经营单位制定了应急救援预案并组织演习。

责任书通过对各乡镇（街道）政府、开发区管委会完成上述指标都提出了具体工作要求。责任书不仅是各乡镇（街道）政府、开发区管委会加强安全生产工作的指导书，而且是各乡镇（街道）政府、部门开发区管委会安全生产工作的考核标准。

（《中国安全生产报》2009-03-19）

山东诸城：延伸安监服务触角

本报讯 近日，山东省诸城市首个安全生产管理协会乡镇分会成立。协会分会的成立，延伸了安监部门服务的触角，在政府与企业、安全生产工作者之间架设了联系和沟通的桥梁。据悉，全市其他13个乡镇（街道）和经济开发区安全生产管理协会分会将在今年12月上旬陆续成立。该市安全生产管理协会将发挥遍布城乡的机构优势，更好地发挥社会中介组织做好安全生产工作的重要作用。

（《中国安全生产报》2008-11-18）

山东诸城：隐患整治行动每日一报

本报讯 针对第三季度安全生产形势，近日，山东省诸城市安委会下发文件，自本月23日起在该市开展百日安全隐患集中整治行动。整治行动分动员部署、组织实施和“回头看”督查落实3个阶段，重点围绕危险化学品、非煤矿山、烟花爆竹等10个领域，突出挂牌督办的88家存在较大隐患的单位、专家会诊的30家高危企业，强化乡镇（街道）、部门排查，加大联合与协作执法力度，严厉打击非法违法行为。整治情况每天17时前上报市安委办。市安委会将对各单位整治情况进行督查、通报，推动行动开展。

（《中国安全生产报》2011-07-26）

山东诸城：专项考核标准化工作

本报讯 近日，山东省诸城市政府组织公安、住建、安监等部门组成5个督查组，对全市13个镇街、11个安全监管任务较重的部门开展标准化建设专项督查考核。督查考核围绕全市标准化建设实施方案确定的任务计划、工作步骤、职责落实、推进措施等内容展开，按照标准化建设督查考核标准逐一打分，采取看材料、查企业、问职工等方式进行。各督查组形成督查考核总结后，市政府督查室将其汇总下发给各镇街、部门，考核成绩作为安全生产考核的重要内容，由市委考核办纳入全市镇街科学发展综合考核和部门工作考核。

（《中国安全生产报》2011-09-15）

山东省诸城市安监局：建监管监察交流制度

本报讯 近日，山东省诸城市安监局召开了《安全生产违法行为行政处罚办法》学习交流会。会上，各监管科室、执法中队就新旧处罚办法的不同、执法程序的注意事项、违法所得的计算以及生产经营单位的认定进行了探讨。今年初以来，该局在总结去年经验的基础上，形成了研讨课题自报、局科室统筹安排、定时间调研、分阶段交流，重在实践，突出解决监管监察中难点重点热点问题的“三步走”“三大点”监管监察研讨交流制度。

（《中国安全生产报》2008-03-11）

山东省诸城市安监局：设专门科室促隐患整改

本报讯 近日，山东诸城市安监局整合监管力量，设立事故隐患督促整改办公室。该办公室的主要职责：一是汇集整理各监察中队检查出的隐患；二邀请组织专家组成员会诊，确定每周的重大事故隐患，制定切实可行的监管方案，协调监督监察中队和相关监管科室加以落实。目前，该办公室的工作制度、程序流程、信息报表正在进一步完善中。这是诸城市安监局落实国家安监总局第16号令《安全生产事故隐患排查治理暂行规定》，深化隐患排查治理的一项具体措施。

（《中国安全生产报》2008-03-20）

山东省诸城市安监局：建事故隐患动态档案

本报讯 今年初，山东诸城市安监局在不间断执法检查的基础上，设计专门的隐患综合记录软件，对生产经营单位的隐患逐一登记，建立事故隐患动态档案。该局对检查出的隐患实行有针对性的督促整改措施，对不整改或整改措施不达标的单位，实行挂牌督办，直至生产经营单位整改彻底。截至目前，已建立动态档案2000多卷，挂牌督办60多条。

（《中国安全生产报》2008-03-06）

山东诸城：强基固安又出硬杠杠

本报讯 近日，山东省诸城市召开全市安全生产工作会议，在强化镇街（园区）党委政府领导责任上再出新规。

新规明确了按照不低于上年度GDP万分之零点五的标准，安排安全生产专项资金。同时，新规要求以每3至5名监管执法人员至少配备一辆执法专用车的标准，为安监部门配备执法用车和必要的执法装备，保证每个镇街至少有一辆安全生产执法专用车辆。此外，新规还要求专职安监人员调整必须经过市政府分管副市长同意方可变动。

目前，该市16个镇街（园区）全部设有安全生产监督管理办公室，主任均由党委委员、政府常务副职担任。各镇街（园区）已配备专职安全监管人员118人，同时所有专职安监人员全部落实安全监管岗位津贴政策。各镇街（园区）健全网格化实名制，依托风险隐患"一镇一策""一企一策"，将责任和措施落实到镇街（园区），延伸至社区，与企业具体责任人相对接，实施动态监管和经常性检查。

（《中国安全生产报》2017-04-10）

山东省诸城市安监局：完善乡镇安监中队考评办法

中国安全生产网讯　为加快乡镇安监中队建设，提升基层安全生产监察机构的执法水平，激发和调动乡镇安全生产监察人员的积极性和创造性，诸城市安监局在广泛征求意见的基础上，根据乡镇安监中队委托执法监察的职责，对原有的考评办法进行了修订和补充完善。

新的乡镇安监中队考评办法包括考评内容、考评方式、考评组织、考评程序、考评结果以及奖励奖惩等方面，可操作性和时效性强。在考核内容上，既有制度建设、组织建设、作风建设等，还包括乡镇安全生产委员会和乡镇安监中队、社区安全生产助理设置，人员是否专职专用，是否有独立的办公场所，专门的执法监察用车，专门的执法检查设备器材、办公设施，执法监察人员是否配备劳动防护用品，执法监察的职责履行情况以及业务学习、宣传教育、通讯报道等多方面的内容。

新的考评办法，既是乡镇安监中队工作的目标分解，又是奖惩的标准，对基层安全生产执法监察机构的规范化建设必将起到良好的促进作用。

（中国安全生产网2008-08-27）

山东诸城：乡镇机构改革安监所职位增加

中国安全生产网讯　在刚刚进行的诸城市乡镇机构改革中，乡镇安监所作为“一所六中心”中惟一没有被整合的所而独立保留下来。在人员配备上，安监所的人员占整个乡镇事业编制的四分之一，职位没有减少反而相对增加。

同时，市政府进一步明确了对乡镇政府安全生产考核的组织机构指标，在原先考核安监所的办公场所、办公设施、执法装备、劳保用品的基础上，今年把乡镇安监所人员是否专职专用作为一项重要考核指标。

日前，全市13个乡镇安监所的实名编制名单已正式向社会公布。

（中国安全生产网2008-07-29）

诸城市开展危险化学品专项检查活动

中国安全生产网讯　近日，诸城市人民政府安全生产委员会办公室召开全市专项检查危险化学品生产单位安全生产条件暨集中查处违法生产经营业户专题会议，要求市质量技术监督局、安全生产监督管理局、工商行政管理局、公安局相关监管部门和乡镇（街道）有关生产经营单位利用换发证照的阶段，搞好生产条件的评审复查，同时采取联合行动，对群众举报的违法生产业户集中查处，坚决取缔。

本次危险化学品专项检查行动，采取生产经营单位自查，主管部门全面检查，邀请专家评审，质监与安监联合检查的方式，按照检查表的形式，对辖区内的每一个危险化学品经营许可证即将到期换证的单位进行一次全面的评审检查，对不符合安全生产条件的生产经营单位，下达限期改正通知书，逾期未改正的，不予受理许可证换发事宜。

同时，根据群众举报，对全市不具备安全生产条件，未经依法批准擅自生产经营危险化学品的小作坊进行集中查处，对相关的责任人，严格按照国家的法律法规进行了惩处，对涉及的原料、半成品、成品以及设备，按照相关规定进行了妥善安全处置，为全市危险化学品生产经营营造了平等、公正、安全的市场环境。

（中国安全生产网2008-07-29）

诸城市制订安全生产目标责任考核办法

中国安全生产网讯　为全面落实政府安全生产监管职责，诸城市在完善安全生产目标责任考核体系的基础上，制订安全生产目标责任考核办法。

考核办法包括考核范围、考核内容、考核时间、考核实施、考核标准以及量化打分表。既考核乡镇（街办）政府，又考核市直各部门；变一年一考核为每半年考核一次，年终进行综合考核。

考核方法明确了考核的依据和实施程序，严格“一票否决”，增强了可操作性，强化了监管的目标。

（中国安全生产网2008-07-31）

诸城专项整治危化品从业单位事故隐患

近日，山东省诸城市人民政府办公室下发通知，要求各乡镇（街道）、有关生产经营单位利用一个月的时间进行危险化学品经营和使用单位生产安全事故隐患专项整治，同时市政府成立三个督察组进行专门督察。

本次危险化学品经营和使用单位事故隐患专项整治采取生产经营单位自查、乡镇（街道）全面检查、市政府督察组督察相结合，邀请专家参与，质检与安监联合检查的方式，按照检查表的形式，对辖区内的每一个危险化学品经营和使用单位进行一次全面的摸底检查。同时以统计表的形式，对每一个危险化学品经营和使用单位的详细信息进行普查登记，力求通过本次检查和督察，建立完善全市的危险化学品经营和使用单位的生产安全事故隐患台账。根据检查和督察出的事故隐患等级，确定有针对性的整改措施，确保危险化学品生产经营单位生产安全。

（中国安全生产网2008-07-01）

诸城市强化执法落实企业安全生产主体责任

近来，山东省诸城市强化执法检查，加强指导服务，深化隐患治理，督促企业全面落实安全生产主体责任。

一是全面调查，摸清底数。利用一个多月的时间对全市生产经营单位进行逐户上门调查摸底，将存有较大危险因素的745家企业的危险因素进行了详细造册登记，经过分析综合、讨论座谈，在广泛征求意见之后，形成了《全市存有较大危险因素生产经营单位情况分析及监管建议》调研报告，为开展执法检查提供翔实材料。

二是动态检查，持续改进。通过自查、专家检查和专项检查等形式，加大隐患排查力度、广度和密度，持续不断地开展危化品、烟花爆竹、非煤矿山等重点行业企业隐患排查治理专项整治。完善隐患整改跟踪监管机制，对排查出的事故隐患，严格“五落实”，实行动态管理，对逾期未整改到位或者没有整改的，立即落实行政处罚措施。健全并严格执行包靠企业制度，建立并严格执行下企业、进车间、到现场检查制度，开展经常性的检查指导，督促企业严格执行国发〔2010〕23号文件和鲁政办〔2010〕77号文件确定的安全管理制度，强化企业安全生产主体责任。

三是专家会诊，综合治理。除抓好经常化的日常检查外，已多次聘请专家对全市存有较大危险因素的生产经营单位进行了专业会诊，对会诊出的隐患，执法人员随即下达整改指令，进行督促整治。加大有奖举报、挂牌督办、媒体曝光力度，对拒不整改或者整改不彻底的生产经营单位，依法从重处罚。截至目前，已对全市4975家分级监管的工商贸企业进行了多次检查，查处隐患已全部整改。对3家烟花爆竹企业、33家非煤矿山单位、危化品企业的检查达56人次，消除隐患20余处。

四是强化打非治违。继续实施联合打非工作机制，根据职责分工，各司其职，密切配合，联合执法，形成一级抓一级、层层抓落实的打非工作格局。完善有奖举报制度，加大对非煤矿山、烟花爆竹、危险化学品等重点行业领域的安全执法，严厉打击非法违法生产经营行为。截至目前，对33件安全生产的违法行为进行了立案查处，有力震慑了安全生产违法行为。

（中国安全生产网2010-09-08）

山东诸城：为标准化企业动态管理建章立制

近日，山东诸城市通过《诸城市安全生产标准化企业管理办法（试行）》（以下简称《办法》），为安全生产标准化企业实施动态管理提供了制度保障。该《办法》从企业、镇街部门和市政府三个层面明确了管理措施。

《办法》建立了标准化企业的日常运行监督检查、综合分析上报和年度综合评估等制度，对不按标准化规范运行、综合评估成绩下滑、复评不达标的企业，推行约见谈话、黄牌警告、挂牌督办和暂扣牌匾、撤销认定等惩处手段。同时，完善信息共享机制，由工商、人社、经信、质监、发改以及金融等主管部门根据市政府安全生产委员会办公室通报的安全生产标准化企业综合评估情况，在相关资质审核、项目申报、资格评定和贷款发放工作中一律从严控制，对被撤销标准化等级认定的，实行“一票否决”。

《办法》还将企业安全生产标准化建设情况纳入镇街年度科学发展综合考核和部门年度综合考核，比如专门规定，凡属地或主管行业内安全生产标准化企业被黄牌警告、撤销安全生产标准化等级认定的，每家分别扣10分、20分。

据了解，该市作为全国安全生产标准化建设示范试点城市，目前已有508家规模以上企业通过安全生产标准化达标验收。

（中国安全生产网2013-10-18）

诸城市有序推进安全生产标准化建设

近期，山东省诸城市按照《诸城市企业安全生产标准化建设示范城市试点工作方案》，加大工作力度，大力推进安全生产标准化建设工作。

一是召开调度会议，协调推进建设进程。市政府召开全市安全生产专题调度会，通报了各镇（街道）、部门标准化工作进展情况，对危险化学品、烟花爆竹等重点行业以及规模以上工贸行业企业标准化建设过程中存在的问题进行了研究，要求各镇（街道）、部门要切实加强领导，落实工作责任，严格奖惩，确保年度达标计划顺利实现。

二是加强服务指导，提高企业创建水平。市安全生产协会发挥自身优势，组织安全生产评审人员和安全专家到13处镇（街道）巡回指导，帮助重点企业梳理了安全生产规章制度、安全生产教育培训、隐患排查治理、重点危险源监控等台账，有效促进了企业标准化自评质量。

三是强化监督检查，加大隐患整改力度。镇（街道）、部门落实网格化管理，把安全生产标准化建设与日常执法检查、隐患排查治理、专项整治紧密结合，督促企业建章立制、规范作业行为和安全管理，开展经常性隐患排查治理，提升企业标准化建设水平。目前，3家危化品从业单位、134家工贸企业经过镇（街道）、部门检查督促，企业自评达到标准化水平，提出申请等待验收。

四是加强制度建设，规范企业达标行为。在市政府出台《鼓励企业安全生产标准化创建办法》的基础上，市安委会办公室制订企业安全生产标准化评审管理规定和安全生产标准化评审基本程序；市安全生产标准化评审单位通过潍坊市安全监管局的审核，建立标准化评审管理制度和评审规范，与安全生产评审人员、评审专家签署评审协议，安全生产评审准备工作基本就绪。

（安全监管总局网站2011-11-22）

山东诸城：出台安全管理队伍建设暂行规定

近日，山东省诸城市出台了《安全生产管理队伍建设暂行规定》，以完善安全生产管理队伍建设长效机制，促进安全生产管理队伍健康有序发展，落实企业安全生产主体责任，预防和减少生产安全事故，维护社会稳定。

据该市监管部门统计，近三年84%以上的生产安全事故是由于管理人员安全管理不到位造成的。为强化安全管理，有效预防和减少生产安全事故，该市在分析总结全市安全管理队伍建设的基础上出台了该规定。

该规定共6章22条，明确了安全生产管理队伍建设的基本原则；细化了安全生产管理机构建设和安全生产管理人员配备的标准，规定了安全生产管理机构和安全生产管理人员的职责、待遇；强化了安全生产管理队伍的教育培训和监督管理；界定了安全生产管理队伍建设的相关行政罚责。

（中国安全生产网2014-03-14）

山东诸城：推进标准化建设提升预防预控水平

山东省诸城市创新机制，深化安全生产标准化示范城市建设，有效提升全市安全预防控制水平。

一是政策调控。落实《鼓励安全生产标准化创建办法》，出台《诸城市安全生产标准化企业管理办法（试行）》，调动创建积极性，规范管理，巩固升级。

二是监察推动。24支队伍深入企业一线，强化执法监察，督促企业排查治理事故隐患，建立自查自纠持续改进机制。

三是信息化支撑。推进标准化与信息化有机融合，建立隐患排查治理监管系统，在前期186家企业先行试点的基础上，推进全市重点企业向纵深发展。

四是专家帮扶。加强培训指导，采取政府购买服务的形式，发挥专家、服务机构的优势，帮助企业查找问题、指导整改，实现企业分类分层达标，提高建设质量。

五是督查促进。健全常态化监督制度，将标准化建设列为重点督查事项，实行月查季报制度。落实年度目标责任，加大标准化考核权重，变年终一次考核为季度性动态考核，对完不成目标的实行“一票否决”。

据悉，2013年11月，诸城市被国家安监总局确定为全国隐患排查治理常态化机制建设示范地区。今年1月，潍坊市安全生产标准化规范化现场会在该市召开，该市作典型经验介绍。

（中国安全生产网2014-03-07）

山东诸城：组建安全标准化建设帮扶队伍

山东省诸城市组建帮扶队伍，助推安全生产标准化建设。

一是市政府专家队伍。根据全市产业发展，从安全中介机构、注册安全工程师和标准化企业内审员中，选聘76名安全专家，健全安全标准化示范试点城市建设专家库，定期组织专家对重点企业进行“体检会诊”和预评审，为标准化创建提供指导服务。目前，先后组织专家现场指导40余次，提出整改建议、改进措施1300多条。

二是企业安全管理队伍。在落实《诸城市安全生产管理队伍建设暂行规定》配齐配强安全管理人员的基础上，促使企业成立由负责人、安全管理员、生产技术员、设备维护员等组成的标准化内审机构，协调统筹标准化建设工作，修订安全规章制度，对从业人员进行培训指导，组织开展隐患排查治理，实施动态管理，严格绩效考核。

三是镇街（园区）安监队伍。督促镇街（园区）组建了由镇街分管领导牵头，以安监所人员为主，包括规划办、派出所、供电所、工商所等有关人员组成的监管队伍，开展联合检查，摸清辖区企业底数，培训指导企业，帮助排查治理隐患、建立管理台账。今年以来，16支镇街（园区）安监队伍已对276家企业进行了摸底和培训。

四是部门执法监察队伍。整合负有安全监管职责的部门和镇街（园区）安监所的力量，组建24至执法监察队伍，深化全员一线执法，深入企业现场对标准化建设情况进行不间断检查，始终保持对非法违法行为的高压态势。今年以来，查处非法违法行为11起，责令停业整顿企业3家，有力促进了企业标准化规范化建设。

（中国安全生产网2014-03-27）

山东诸城：“三结合”推进安全标准化建设

山东省诸城市坚持“三结合”，统筹协调推进国家安全生产标准化示范试点城市建设。

一是与重点项目建设相结合。严格落实建设项目安全设施“三同时”规定，从源头上打牢基础、消除硬伤，确保项目投产时就步入标准化轨道。

二是与企业技术改造相结合。围绕产业转型升级，鼓励引导企业加快设备更新换代，以设备的信息化、自动化改造等技术支撑，提升企业安全标准化水平。目前，全市技改项目160个，引进高端设备2600余台（套），自动化流水线130多条，提高了安全设施保障能力。

三是与企业文化建设相结合。通过组织举办安全大讲堂、岗位技能比武、应急演练等活动，将标准化有机融入企业文化，推动安全标准常识化、操作技能规程化、岗位职责制度化，使不安全不生产潜移默化为员工的自觉行动。

（中国安全生产网2014-03-24）

诸城市组织开展“百日安全攻坚克难”行动

诸城市根据山东省第二季度安全生产电视电话会议精神，围绕“安全生产责任落实年”部署，从现在起，在全市开展百日安全攻坚克难行动，全面加强安全生产工作。

一是认真组织“回头看”活动。安排专门时间，对第一季度安全生产工作进行仔细总结，深入查找安全生产工作中存在的突出问题和薄弱环节，从源头上找准产生原因和制约因素，制定并采取针对性的措施，建立健全长效机制，严格责任追究，确保活动顺利进行、取得实效。

二是深入开展隐患排查治理。组织8个监察中队、3个职能科室和16个镇街（园区）安监所共27支队伍，落实“四不两直”工作要求，深化全员一线执法，突出全市77处重大危险源、1106家存有较大危险因素企业、333家涉氨冷库和110家较大人员密集场所，不间断巡回检查指导，帮助健全规章制度，规范内部管理，抓好隐患整改。

三是加快推进安全社区创建。督促镇街（园区）落实2014年度安全生产目标责任，全部启动省市安全社区创建，成立工作机构，组织专门力量，摸清辖区安全状况，制定创建工作方案和推进计划，加强安全宣传教育，强化隐患排查治理，针对辖区危险源和事故伤害，确定六个以上安全促进项目并组织实施，提升安全预防与控制水平。

四是深化标准化规范化建设。健全标准化规范化建设长效机制，落实《诸城市安全生产标准化企业管理办法（试行）》，进一步强化安全宣传教育，强化执法监督检查，强化专家服务指导，强化分类分级推进，引导企业持续改进、规范达标。实现规模以上企业巩固提升，1家企业启动国家一级标准化评审申请，600家小微企业达到标准化规范化要求。

（中国安全生产网2014-04-04）

诸城市安全生产执法监察岗位比武再取佳绩

近日，在潍坊市安全生产执法监察队伍岗位练兵竞赛活动中，诸城市安监大队代表队获得二等奖，这是该市继去年取得全市第二名之后又一次取得全市前三名的好成绩。

据悉，该市坚持牢固树立全员监管、全员执法，打造一支专家型、全能型安监执法的工作理念，以执法为抓手，不断加强执法监管能力建设。

一是加强制度建设。今年先后建立了考勤、请假、学习、考核等16项机关管理制度，建立全员执法、办案流程等工作规范，做到用制度管事、以制度管人。

二是加强队伍建设。建立周六业务学习制度，强化安监人员法律法规和业务知识的培训，明确提出两年内全局全体人员都考取国家注册安全工程师执业资格，主动学习安全知识、相互探讨执法实务的浓厚氛围已形成。

三是加强廉政建设。出台安监人员“五不准”，狠抓作风建设，坚决杜绝“吃拿卡要”现象，坚决杜绝与生产经营单位有任何经济来往，营造风清气正的工作环境。

四是加强能力建设。推行一线工作法，将大队中队由原来的3个调整为6个，连同2个监管科室，每天有8支队伍在企业执法检查，班子成员直接包靠一同检查。加大执法力度，用好处罚手段，促使企业加大措施，消除隐患。

（中国安全生产网2011-06-24）

山东诸城：健全监管体系，单设镇街安监所

近日，经山东省诸城市委常委、市政府常务会议专题研究，诸城市编办下发《关于健全完善安全生产监管体系的意见》，在12处镇街单独设立安全生产监督管理机构。

根据监管任务，核定事业编制3至5名，每处镇街安全生产监督管理所各配备所长1名、副所长1名。各镇街安全生产监督管理所按照属地管理原则，负责本镇街安全生产监督管理职责，业务上接受市安全生产监督管理局指导。

据悉，这是该市为贯彻落实中央和省市加强安全生产工作的部署要求，切实加强乡镇安全生产监管，强化安全生产责任，夯实安全生产基层基础的一项举措。目前，各镇街人员调整工作正在有条不紊地进行，待调整到位报市编委办公室和人社局备案。

（中国安全生产网2015-09-11）

山东诸城：为安全生产应急管理建章立制

近日，山东省诸城市政府印发《诸城市安全生产应急管理办法》（以下简称《办法》），为镇街（园区）、部门和生产经营单位开展安全生产应急管理活动进行了规范，提升全市安全生产应急管理水平。该《办法》共6章26条，主要界定了应急管理的原则、内容与要求以及落实措施。

安全生产应急管理坚持“管行业必须管安全、管业务必须管安全、管生产经营必须管安全”和“属地管理与分级管理相结合，以属地管理为主”的原则，强化市、镇街（园区）、生产经营单位三种主体和公安、住建、商务、市场监管、安监等14类重点行业部门应急责任，落实预防为主

和平战结合的要求。

《办法》对应急预案编制、应急培训、应急演练和应急队伍、应急物资和装备提出强制要求，明确规定，各镇街（园区）、部门单位和生产经营单位应吸收行业领域和本地安全技术专家，组建应急救援专家队伍，参加应急处置工作，提供决策建议和技术支持。

《办法》要求各镇街（园区）、部门单位和生产经营单位经常开展隐患排查资料，加强事故风险监测，坚持事故风险信息月报制度，危险化学品、烟花爆竹、金属冶炼、涉氨制冷等重点单位每周对本单位事故风险监测情况进行综合分析，报送有关情况。

《办法》进一步明确了发生事故后，应急处置的具体措施，对应急保障部门职责进行了明确，对应急征用政策作出规定。各镇街、部门单位每年至少开展一次专项应急管理执法检查，督促落实应急管理责任，对违反规定的依法依规从严予以处理。

（中国安全生产网2015-09-11）

山东省诸城市安监局：深化安全风险管理机制建设

山东省诸城市安监局采取四项措施深化安全风险管理机制建设。

一是健全工作机制。制定《关于建立健全安全稳定风险评估机制的指导意见》，成立领导小组和工作办公室，细化了工作责任，确定了评估的范围、内容和程序，实现了风险管理规范化。

二是突出工作重点。对全市企业进行详细摸排和深入分析，把77处重大危险源、1106家存有较大危险因素企业、333家液氨制冷企业和110家较大人员密集场所确定为工作重点，并以市安委会2、3、4号文件印发，进一步明确监管责任，推行风险管理。

三是实施动态监控。深化全员一线执法，联合13处镇街安监所，组成24支执法队伍深入企业车间岗位，督促帮助企业排查治理隐患，建立危险源管理专人包保制度，加强全程管控，落实安全绩效工资，确保隐患整改到位。

四是强化安全培训。加大对安全培训考核监察力度，严格落实“三项岗位人员”持证上岗制度。强化企业全员安全培训，开展临时性人员和临时工作从业职工专项培训，到一线抽查职工防护知识，促进应急培训常态化，提升安全意识，规范操作水平和自救互救能力。

（中国安全生产网2014-05-30）

诸城安监“三措施”打造标准化建设长效机制

山东省诸城市安监局凝聚企业、专家和监管三方力量，做好隐患治理、深层会诊和监察整改三项工作，促进安全标准化建设持续改进，形成长效机制。

一是强化执法监察。抓住执法监察这一强制手段，通过执法促使企业推行安全标准化建设。根据全市经济结构，制定九类行业安全标准化检查要点，深化全员一线执法，督促企业执行山东省政府第260号令，落实《诸城市安全生产标准化企业管理办法（试行）》，规范管理，巩固升级。

二是强化专项整治。抓住隐患排查治理这一核心工作，突出全市77处重大危险源、1106家存有较大危险因素企业、333家涉氨冷库和110家较大人员密集场所，深入开展专项整治，帮助企业健全规章制度、规范内部管理、严格打非治违。今年以来，检查企业1780多家次，查处隐患2600多个。

三是强化专家会诊。抓住专业技术帮扶这一关键环节，发挥市、镇两级安全标准化专家组作用，成立13支镇街（园区）企业安全生产标准化帮扶队伍，针对企业反馈出的难题和问题，组织专家深入企业集中会诊，开展指导培训，帮助整改隐患。截至目前，已对286家小微企业进行会诊帮扶。

（中国安全生产网2014-04-11）

诸城市启动基层安监人员集中培训月活动

近日，针对重新设立的镇街（园区）安监所人员业务能力偏低，与实际监管需要有差距，以及当前安全生产法律法规规定更新较大的实际，为落实国办发〔2015〕20号文件精神，进一步加强安全监管执法能力建设，严格规范安全监管执法行为，根据诸城市政府常务会议要求，市政府安委会办公室决定自即日起至本月底，利用一个月的时间，对全市16处镇街（园区）安监所（办）所有人员开展集中培训月活动。

本次集中培训分四个阶段：

第一阶段，动员部署。举行动员会议，明确举办培训活动的意义、必要性，切实提高对教育培训工作的认识，激发参训人员学习的主动性积极性，确保培训取得实效。

第二阶段，个人自学。安排参训人员自学现行的主要安全生产法律法规规章规定、市委市政府出台的安全生产规范性文件以及诸城市安全生产执法检查标准等内容。

第三阶段，集中辅导。市安办组织有经验的人员，分安全生产法律法规规定，安全监管执法实务，危险化学品监管监察，烟花爆竹、非煤矿山和工商贸安全监管，职业卫生监管执法，企业安全生产标准化创建与实施，安全生产教育培训与考核，安全生产行政审批，以及涉氨冷库、受限空间作业等隐患排查治理与执法检查标准九个科目，对参训人员进行专题解读。

第四阶段，现场教学。由相关监管科室、监察中队结合日常执法检查实践，分行业深入企业生产经营现场讲授执法检查的一般流程、重点检查项目、注意的问题以及解决的措施等内容，增强参训人员的实际操作水平和执法监察能力。

据悉，本次培训是落实该市政府第43次常务会议意见和市编制委员会《关于健全完善安全生产监管体系的通知》文件精神，调整理顺镇街安全监管机制，重新设立镇街（园区）安全监管机构后的首次培训。

（中国安全生产网2015-09-29）

山东诸城：坚持不懈深入推进安全生产大检查

一是深化全员一线执法，持续开展隐患排查治理。加大一线执法力量，将监察中队增至11个，按照执法检查计划，每天深入企业车间进行安全生产大检查，实现安全监察常态化、制度化，督促和帮助企业查找、整改隐患，宣传安全生产法律法规规章标准，现场培训从业人员。截至目前，检查企业6435家次，整改隐患14478处。

二是突出重点行业领域，深入开展专项整治。根据安全生产特点和实际需要，发挥综合监管作用，联合质监、公安等部门组织开展节后复工、液氨冷库、危险化学品、餐饮宾馆、食品加工以及大型钢构车间等八个行业领域专项整治活动，对全市71处重大危险源和1036家存有较大危险因素企业进行重点排查，督促企业实行动态监控。

三是严格安全责任落实，扎实开展安全生产督查考核。为进一步明晰安全生产管理责任，市政府印发《诸城市安全生产监督管理职责》，进一步明确界定了13处镇街、41个部门单位的安全监管职责。同时，市安办联合市督查局将督查活动经常化，对各镇街、部门落实安全生产职责情况，以督查预警、安监提示、预警通报、事故警示等形式进行通报，将督查结果记入年度综合考核，督促调动镇街部门增强做好安全生产工作的责任心和积极性。

（安全监管总局网站2013－07－30）

山东诸城：开展饭店宾馆等人员密集场所专项安全督查

为吸取近来企业火灾、餐饮场所燃气爆炸等事故教训，切实做到举一反三，用事故推动工作，诸城市强化措施，全面开展饭店宾馆等人员密集场所安全生产专项大检查。

一是成立组织机构，检查全覆盖。市政府成立安全生产专项大检查领导小组，市政府安委会成员单位各镇街部门成立工作推进办公室，组织27支检查队伍，对全市饭店、宾馆、超市、网吧、车站旅游景点等人员密集开展大检查，坚持横向到边、纵向到底，不留盲区、不漏死角，谁检查、谁签字、谁负责，切实做到落实责任、消除隐患、防范事故。

二是加强过程调度，督查零容忍。市安委会办公室组织两个督查小组，严格落实“四不”“两直”工作要求，坚持监督检查常态化、规范化，每天深入镇街社区人员密集场所通过抽查、监察等明察暗访形式，对镇街部门大检查进展适时调度，探索采用联合督查、安监提示、预警通报、事故警示等有效手段，督促镇街部门加强监管，确保隐患整改到位。督查以来，先后下发督查预警3期、安监提示23期、预警通报3期、事故警示5期，对5家企业单位负责人进行约谈。

三是强化联合执法，工作重实效。市安委会办公室发挥综合协调作用，联合公安、文化、消防、质监、商务等部门与镇街安全监管中队一起，对主城区饭店、宾馆、网吧等人员密集场所逐家逐户开展检查，对检查发现的隐患能立即整改的责令业户马上整改，不能立即整改的严格“五落实”，确保整改到位。同时，对各类生产经营单位通过发放安全明白纸、组织安全培训、参加安全演练等形式，提高其防范能力和应急处置水平。

（安全监管总局网站2013-08-05）

山东诸城：实现安全生产督查常态化

近年来，诸城市坚持把安全生产督查作为推动全市安全生产工作整体推进的重要抓手，坚持日常监督与重点监督相结合，全面监督与专项监督相结合，形成了全方位动态监督长效管理机制，做到事事有监督，件件有考核，初步实现了监督考核的无缝隙、全覆盖，安全生产督查工作走上了常态化、规范化、制度化的轨道。

一是健全机构。市里将市委督查室与市政府督查室整合升格为市委市政府督查局，市政府安全生产委员会办公室专门组建督查中队，对镇街部门安全生产工作进行监督监察，对镇街部门安全生产职责履行情况进行日常监督，定期考核，确保年度安全生产目标责任落到实处。

二是完善机制。在保证日常督查经常化的前提下，发挥安办作用，完善执法联动机制，加强对71处重大危险源和1036家存有较大危险因素企业重点监察和动态监察，对存在的突出问题以《安监预警通报》《重大安全隐患专报》《督查通报》下发镇街部门，强化隐患督办和治理责任，做到责任到人、跟踪督办、限时办结，防患于未然。

三是严格考核。市委市政府把安全生产工作纳入镇街科学发展综合考核和部门工作考核，制定出台安全生产工作考核实施细则。实施月考核季通报制度，强化过程监督和跟踪整改，坚持挂牌督办和警示约谈，落实年度奖惩政策，严格责任追究。

（安全监管总局网站2013-05-31）

山东诸城：突出四个强化，构建齐抓共管工作格局

今年以来，诸城市发挥综合监管职能，全面落实“党委领导、政府监管、行业管理、企业负责、社会监督”的工作格局，形成齐抓共管工作机制。

一是强化监管网络建设。按照全市社区设置，以233个社区为单元建立全市安全监管网格，将每个社区划分为一个网格。镇街副科级干部和社区主要负责人牵头负责，全市负有安全生产监管职能任务的16个部门分别确定1~2名干部下沉到社区，对网格内的管理对象登记造册，明确责任，落实保障措施。目前，全市1512名社区安全监管人员全部上岗，构建起“全覆盖、无缝隙”的安全生产管理体系。

二是强化宣传教育。把企业主要负责人、安全管理人员和特种作业人员的安全教育培训列入安全生产责任目标，与镇街、部门和骨干企业签订

责任书、承诺书。每季度组织一次“安全生产月”活动，组织开展安全宣传咨询日、应急演救援练周等主题活动，提高全民安全意识。组织镇街部门、协会安全专家开展送安全知识进镇街、进社区、进企业、进学校、进家庭“五进”活动，营造浓厚的安全文化氛围。开展全市安全生产法律法规知识“学习宣传周”活动，全市党政机关、企事业单位领导干部和安监执法人员按实施方案要求，深入学习安全生产法律法规政策，学习活动结束开展闭卷考试，不合格进行补考。同时，电视台、电台、报纸、网络开设专栏，加大安全生产宣传力度，普及安全知识，提升全社会安全意识。

三是强化标准化建设。完善提高标准化建设激励考核机制，深化“政策引、典型带、督查促、专家帮、考核激、规范评、动态管”七项有效措施，把标准化建设与日常监管、隐患排查治理、打非治违紧密结合起来，督促重点行业企业加大安全投入，改善安全管理，规范生产行为，全面开展岗位达标、专业达标和企业达标，努力提升创建工作水平，夯实安全基础，确保实现国家安全生产标准化示范城市创建目标。

四强化监督力度。完善隐患排查治理通报制度，坚持《安监预警通报》《安全生产重大隐患专报》和《督查通报》“三报连奏”，全力推进隐患整改。在全市镇街、部门排查隐患的基础上，安监大队及时汇总总结面上的存在的共性问题，提出整改要求与建议，形成《安监预警通报》并下发，督促镇街、部门采取措施防患于未然；对检查发现的重大安全隐患以《安全生产重大隐患专报》上报市政府，市长批示、分管副市长提出解决措施后，镇街、部门迅速组织整改；同时，联合市委、市府督查室对隐患治理情况定期开展督查，形成《督查通报》上报市委、市政府，市委、市政府主要负责同志签批后，下发镇街、部门抓落实，督促生产经营单位切实做到整改措施、责任、资金、时限和预案“五到位”，确保不安全不生产。

（安全监管总局网站2013-05-24）